油井水泥及其应用

宋梅梅　著

中国石化出版社

内 容 提 要

本书系统总结了固井的工艺以及不同类型特种油井水泥的分类、化学组成和物理性能,详细叙述了不同特种油井水泥的水化过程、力学性能、耐久性能、微观机理及其现场应用情况。

本书可供从事油气田钻井工程、固井工程和建筑工程等相关行业的专业技术人员参考,也可供相关院校的师生参考。

图书在版编目（CIP）数据

油井水泥及其应用／宋梅梅著 . —北京：中国石化
出版社，2019. 11
ISBN 978-7-5114-5590-1

Ⅰ. ①油… Ⅱ. ①宋… Ⅲ. ①油井水泥-研究 Ⅳ.
①TQ172. 75

中国版本图书馆 CIP 数据核字（2019）第 259085 号

中国石化出版社出版发行
地址:北京市东城区安定门外大街 58 号
邮编:100011 电话:(010)57512500
发行部电话:(010)57512575
http://www. sinopec-press. com
E-mail:press@ sinopec. com
北京艾普海德印刷有限公司印刷
全国各地新华书店经销
*
710×1000 毫米 16 开本 6.75 印张 113 千字
2019 年 12 月第 1 版　2019 年 12 月第 1 次印刷
定价:49.00 元

前　言

　　中国是水泥工业大国，水泥工业作为我国基础性原材料的支柱产业之一，在国民经济建设中具有举足轻重的地位。通用硅酸盐水泥以其可靠的性能和低廉的价格，成为目前使用最广泛的建筑材料之一。但通用硅酸盐水泥无法满足不同工程建设中多功能、多性能的技术要求，因此开发并研发新型特种水泥已成为满足现代化工程建设的重要条件之一。特种水泥作为我国水泥工业的重要组成部分，经过几代人的努力，到目前为止已经创造发明了60余个品种。不仅可以很好地满足我国国防、石油、水电、冶金、化工、建筑、机械、交通等工程建设的迫切需要，同时也使我国在特种水泥的理论研究及应用等方面跨入了世界先进行列。随着我国水泥界在熟料化学、水化化学及水泥石结构等方面的突破，我国创造发明了多种新品种水泥，如：第三系列水泥（主要包括硫铝酸盐水泥和铁铝酸盐水泥两大类）、油田固井工程用API油井水泥系列及适用于深井固井工程的120℃用于抢修、抢建、堵漏止水和低温施工的快凝快硬氟铝酸盐水泥（简称双快氟铝酸盐水泥），适合于各种军事工程抢修抢建的快凝快硬硅酸盐水泥（简称双快硅酸盐水泥，也称双快抢修水泥），以及达到国际领先水平、具有低资源能源消耗、低环境负荷和高性能的低热硅酸盐水泥（也称高贝利特水泥）等品种。

　　水泥按其主要水硬性矿物可分为硅酸盐水泥、铝酸盐水泥、硫铝酸盐（铁铝酸盐）水泥、磷酸盐水泥、氟铝酸盐水泥、少熟料水泥以及无熟料水泥；按其主要技术特性分为快凝快硬水泥、抗侵蚀水泥、中热、低热水泥、低碱度水泥、膨胀(自应力)水泥、砌筑水泥、油井水泥、装饰水泥、耐高温水泥以及防辐射水泥。其中，油井水泥是指应用于油气田各种钻井条件下进行固井、修井、挤注等用途的硅酸盐水泥和非硅酸盐水泥的总称，包括掺有各种外掺料或外加剂的改性水泥，后者有时被称为特种油井水泥。本书着重介绍常规油井水泥和特种油井水泥的分类、化学组成、物理性能、力学性能、水化过程、微观机理及其现场应用情况。

油井水泥的生产工艺与普通硅酸盐水泥相同，但在某些生产环节上，必须满足油井水泥生产的基本要求。生产中所使用的原材料中，要求石灰石的氧化钙含量要高，黏土中的钾、钠含量要低，出磨生料应入均化库均化，以保证入窑生料的成分符合规定要求；煅烧熟料时，要严格控制熟料的所占比例和游离氧化钙的含量，必须达到规定的控制指标；出磨水泥入库后，应进行充分的均化，以保证出厂的产品质量全部符合标准规定的技术要求。油井水泥的生产工艺流程可分为：原料混配-粉磨-煅烧-冷却-熟料研磨五个单元。目前世界上生产油井水泥主要采用回转窑进行，它的窑筒体呈卧置(略带斜度 1.5%~4%)，并能做回转运动，称为回转窑(也称旋窑)。按生料制备的方法可分为干法生产和湿法生产，与生产方法相适应的回转窑分为干法回转窑和湿法回转窑两类。湿法回转窑的主要优点是各原料之间混合好，易磨、生料成分均匀，使烧成的熟料质量高。缺点是单位熟料的能耗高，工厂占地面积大。自 20 世纪 70 年代预分解技术投入实际应用以来，以"预分解技术"为主要代表的干法水泥生产技术得到了广泛的推广应用。

固井作业是在油气井完井后，将油井水泥浆注入套管与地层的环空中，到达井底后沿着套管和地层间的环空上返的过程。经过一段时间，水泥凝固并形成水泥环，这就是固井。固井是油井建设过程中的一个重要环节，它直接关系到油气井的寿命和生产效益，固井质量影响后续的完井、采油、增产等各项作业的成功率和井的封固性、完整性。油气井固井水泥环在油气井生产中所起的作用是有效地封隔油气水层、防止油气水层相互窜流、稳定井壁、保护套管、保护储层。

油气勘探开发对象的日益复杂，对石油固井技术提出了新的挑战。我国目前待开发的石油资源大多集中在海洋、低渗透、深层和非常规石油藏等，这就代表着石油勘探开发将面临资源品质差、严格的安全环保标准、石油目标的复杂化等一系列全新挑战，资源品质越是劣质，那么对石油固井技术的要求就越高。在巨大温差和压力差的条件下，要实现井的密封性、结构完整性和预防腐蚀性，这些问题都给技术革新带来了前所未有的挑战；还有类似天然气井、储气库井的规定使用寿命的增加，水泥环封隔质量要求的不断提高，也给石油固井技术的应用和发展带来新的挑战。石油固井技术历经多年的改善和进步，虽然在技术层面上升了一个台阶，但实际上目前的石油固井技术还不能完全满足勘探开发的需求。

固井既是一门涉及多学科的综合性学科，又是一门专业性很强的高风险技术。固井技术的进步与发展，也需要相关技术的不断创新。为了开发更先进的固井水泥基材料、进一步延长固井水泥环的长期力学封隔能力和油气井寿命，本书总结了常规固井水泥及特种固井水泥基材料的性能及应用，在此基础上探讨了目前固井材料存在的问题及与国外的差距，展望了固井材料未来的发展方向。

本书在编著过程中，得到了水泥行业、油气田固井行业相关科研单位和企业的珍贵帮助，特别感谢西安石油大学石油工程学院杨振杰教授对于本书的指导，在此表示深切感谢。

本书获西安石油大学优秀学术著作出版基金资助出版，在此表示感谢。

书中难免有遗漏和差错，望读者批评指正。

目　　录

第1章

固 井

1.1 概　　述

油气井完井后都要进行固井注水泥作业，将油井水泥浆注入套管与地层的环空中，到达井底后沿着套管和地层间的环空上返，经过一段时间，水泥凝固并形成水泥环，这就是固井。固井是油井建设过程中的一个重要环节，它直接关系到油气井的寿命和生产效益，固井质量影响后续的完井、采油、增产等各项作业的成功率和井的封固性、完整性。

1.1.1　油气井固井水泥环在油气井生产中所起的作用

（1）将油气水层有效地封隔开来，防止油气水层相互窜流，保证正常的油气生产；

（2）将套管固定在井下，稳定井壁，保护套管，一旦水泥环发生破坏，油气井生产套管就会发生严重的变形破坏；

（3）防止开采过程中对油气层造成破坏，保护储层，便于油田根据开发方案分层开采；

（4）是保护油气井套管的重要屏障，能够有效防止腐蚀性地层流体的浸蚀。

1.1.2　水泥环必须具备的特性

为了保证水泥环完整性、改善固井质量以及提高油井寿命，水泥环必须具备良好的耐久性能，具体包括下列性能：

（1）良好的力学稳定性

油气田开发过程中，后期的套管试压、射孔、后期压裂增产等施工措施对水泥环的力学性能提出严峻的挑战。因此固井水泥环应该具有良好的力学稳定性，使得其完整性不受破坏，抗压强度不衰退。

（2）体积稳定性

固井水泥环在井下复杂的环境中，体积变化的幅度不应过大，不出现早期收缩或后期过度膨胀的现象。早期收缩易使水泥环与套管、地层之间出现环空间隙现象，最终造成油气田渗漏现象。

（3）应力稳定性

固井水泥石环在井下的受力环境极为复杂，需要承受多向压力，因此水泥环在井下复杂荷载条件下，应具有较好的交变应力承载能力。

（4）温度稳定性

油气井井压和井温随着井深的增加而升高。例如，在四川遂宁高石梯-磨溪地区，井深达到6000m，压力梯度达1.5MPa/100m，温度梯度为2.5℃/100m。500~700m井深处，井温可达到150~180℃。水泥浆在高温高压井下凝固后，由于井下温度、压力的变化将导致过大的应力，破坏水泥环的整体性，从而导致层间封隔失效，甚至挤毁套管。因此，油井水泥必须在井下复杂温度变化环境中具有较好的温度适应能力。

（5）腐蚀环境下的稳定性

在石油和天然气工程中，酸性介质可参与常规油井水泥的水化反应，因此会对固井水泥环产生腐蚀作用，导致水泥环强度下降、渗透率增大，严重时会导致对套管产生点蚀、穿孔以及生产油管的腐蚀断裂。随着腐蚀程度的增大，固井水泥环中的胶结组分遭到破坏，抗压强度最终完全丧失，并诱发地层流体窜流、塑性地层的井壁垮塌等事故发生，从而造成巨大的经济损失。因此，固井水泥环柱的抗腐蚀问题是至关重要的。

硫酸和硫化氢均属于酸性介质，二者均可参与固井水泥石的水化反应，并伴随有新的腐蚀产物生成。硫酸的腐蚀产物是$CaSO_4 \cdot 2H_2O$，硫化氢的主要腐蚀产物是CaS，被腐蚀后的水化产物变得疏松多孔，硬化浆体的孔隙结构粗大，微观形貌发生明显变化。提高水泥石抗腐蚀能力的主要途径是通过硅粉等细颗粒的掺入，来提高水泥石的密实度，从而降低硬化水泥浆体中的贯穿孔隙，阻断构成腐蚀介质的通道。

我国含H_2S天然气分布十分广泛，主要分布在四川、鄂尔多斯、渤海湾、准噶尔和塔里木等含油气盆地中，这些油气藏的大部分在富含硫酸盐矿物（石膏）的层系中，含H_2S变化范围很大，约为5%~92%之间。其中高含硫化氢油气藏主要在胜利油田罗家气田、渤海湾盆地陆相地层的华北赵兰庄气田和四川盆地海相地层的渡口河、威远、龙门、铁山坡、中坝、罗家寨和卧龙河等气田。

1.2 国内固井技术发展历程

（1）学习模仿阶段：1950~1980年

国内油气井固井技术是从20世纪50年代开始的，最早发展于玉门油田、克拉玛依油田、大庆油田和胜利油田。当时石油工业还处于发展初期，国内的固井技术在苏联的技术模式的基础上探索发展，逐渐成立了国内固井专业队伍。

（2）自主研发阶段：1980~2000年

面对油气田固井的现场困难，固井技术人员不断突破不断创新，在固井装备及固井工具研制方面做了大量工作，使得固井装备及固井技术有了长足的发展，气动灰罐车、固井管汇车、供水车等新型固井工具都在这段时期得到了迅速发展。在固井技术方面，国内固井队伍在水泥浆体系研究、新固井工艺的研究、固井外加剂开发等方面开展了大量的研究工作。通过技术攻关及产业化应用，解决了油田固井中的多项技术难题，为油气的勘探开发提供了有利的技术支撑。

（3）技术突破阶段：2000~2015年

随着石油工业的不断发展，钻井、勘探、开发水平的不断提高，固井技术的发展基本与钻井技术同步。固井技术的发展主要包括固井工艺、固井装备、水泥浆体系、固井外加剂、固井工具附件、固井软件等的发展，并针对复杂井形成了配套技术。当时的固井技术不但能解决漏失井、高温高压油气井、长封固段井、大位移井、水平井、小间隙井盐膏层井等复杂井的固井问题，同时，固井作业不仅仅是能够满足油气的勘探开发要求，还要实现对油气层的保护和增产增效。石油固井装备和固井技术也得到了迅速发展。

（4）创新发展阶段：2015年~至今

随着油气勘探开发工作的不断深入，油气田开采难度和井下复杂情况不断增加，对固井技术提出了越来越高的要求，对井完整性也提出了考验。一次好的固井，不仅要顶替到位，胶结良好，还要求水泥浆固化后，水泥环具有长期的层间封隔能力。近年来，在深井超深井、水平井及大位移井、储气库、页岩气固井方面获得了技术性突破；针对不同井下情况，开发了不同类型的水泥浆体系。例如，目前成功开发的自修复水泥浆、高强高韧水泥浆、低温固井水泥浆、膨胀水泥浆等不同的水泥浆体系；固井外加剂抗温达200℃，且全部实现国产化。随着勘探开发的深入，固井技术也将得到进一步的完善和发展。

1.3 固井步骤

固井可分为三步，即下套管、注水泥、井口安装和套管试压。

（1）下套管

套管有不同的尺寸和钢级。表层固井通常使用 20～13⅜in（1in＝2.54cm）的套管，多数是采用钢级低的"J"级套管。技术套管通常使用 13⅜～7in 的套管，采用的钢级较高。油层套管固井通常使用 7～5in 的套管，钢级强度与技术套管相同。根据用途、地层预测压力和套管下入深度设计套管的强度，确定套管的使用壁厚、钢级和丝扣类型。套管与钻杆不同，是一次性下入的管材，没有加厚部分，长度没有严格规定。为保证固井质量和顺利地下入套管，要做套管柱的结构设计。

（2）注水泥

当按设计将套管下至预定井深后，装上水泥头，循环钻井液。当地面一切准备工作就绪后开始注水泥施工。先注入隔离液，然后打开下胶塞挡销，压胶塞，注入水泥浆（注入水泥浆的过程常简称为注浆或注灰）；按设计量将水泥浆注入完后，打开上胶塞挡销，压胶塞，用钻井液顶替管内的水泥浆（钻井液顶替水泥浆过程简称为替浆）；下胶塞坐落在浮箍上后，在压力作用下破膜；继续替浆，直到上胶塞抵达下胶塞而碰压，施工结束。注入井内的水泥浆要凝固并达到一定强度后才能进行后续的钻井施工或是其他施工，因此，注水泥施工结束后，要等待水泥浆在井内凝固，该过程称为候凝。候凝时间通常为 24h 或 48h，也有 72h 或几小时的，候凝时间的长短视水泥浆凝固及强度增长的快慢而定。候凝期满后，测井进行固井质量检测和评价。

注水泥是套管下入井后的关键工序，其作用是将套管和井壁的环形空间封固起来，以封隔油气水层，使套管成为油气通向井中的通道。目前我国使用的油井水泥有 9 个级别和 3 个类型。不同级别和类型的水泥适用不同的井下条件。所以，根据井的深度和温度选择水泥是注水泥作业的首要任务。

（3）井口安装和套管试压

下套管注水泥之后，在水泥凝固期间就要安装井口。表层套管的顶端要安套管头的壳体。各层套管的顶端都挂在套管头内，套管头主要用来支撑技术套管和油层套管的重量，这对固井水泥未返至地面尤为重要。套管头还用来密封套管间的环形空间，防止压力互窜。套管头还是防喷器、油管头的过渡连接。陆地上使用的套管头上还有两个侧口，可以进行补挤水泥、监控井况、注平衡液等作业。

套管试压是检查固井质量的重要组成部分。安装好套管头和接好防喷器及防喷管线后，要做套管头密封的耐压力检查，和与防喷器连接的密封试压。探套管内水泥塞后要做套管柱的压力检验，钻穿套管鞋2~3m后(技术套管)要做地层压裂试验。生产井要做水泥环的质量检验，用声波探测水泥环与套管和井壁的胶结情况。固井质量的全部指标合格后，才能进入到下一个作业程序。

固井施工由于其特殊的施工工艺和功能，具有如下特点：

① 固井作业是一次性工程，如果固井质量不好，一般情况下难以补救。

② 固井作业是一项隐蔽性工程，其主要的流程在井下，不能直接观察，固井质量受到多种地层、环境等因素的综合影响，因此固井质量取决于固井设计的准确性和施工过程中的质量控制。

③ 固井对油气田开发和后续工程有较大影响。如果固井质量不合格，在后期开发过程中可能造成层间窜通，对油气田的正常开发造成严重影响。

④ 固井施工时间短、工序多，同时也是一项费用高的工程。

1.4 射孔、压裂引起的封隔失效

随着油气田开采难度和井下情况复杂化程度的增加，射孔、酸化压裂等施工过程对水泥环的力学性、完整性提出了新的挑战，易使常规水泥环易受到损伤，进而影响水泥环的层间封隔作用。

（1）射孔作业

射孔对水泥环的损伤是一个比较复杂的问题，它涉及应力波的侵彻、反射和相互作用，以及在套管内形成的超高压力脉冲引起的套管壁扩张等多种因素。聚能射孔对套管和水泥环作用的能量来源于聚能射流和飞散的爆燃产物。当聚能射孔弹引爆发射后，聚能射流首先射穿套管和水泥环进入地层，其射流前峰的最大速度达 12~15km/s，内部温度 1100℃ 左右。当聚能射流和飞散的爆燃产物在井内介质中运动时，将在介质的表面产生具有锥形前沿的、冲击压力高达 3000~4000MPa 的应力波，其冲击压力峰值高出水泥石材料强度几个数量级。由此在介质的局部区域形成拉或压的高应力区。由于水泥石材料的拉、压强度相差悬殊，这种应力的相互作用更容易造成水泥石材料内部断裂或胶结面脱开。

（2）压裂作业

水泥石属于硬脆性材料，自身协调形变能力差，与地层、套管钢材的弹性和

6

变形能力存在较大差异。当受到由压裂产生的巨大载荷作用时，水泥环受到较大的内压力和冲击力，产生径向断裂；当压裂作业的冲击作用大于水泥石的破碎吸收能时，水泥石破碎，井筒的完整性被破坏，压裂施工中压裂液随水泥环本体的裂缝运移，进一步推动水泥环裂纹的不定向延展，不仅降低了压裂效果，也使被破坏后水泥环失去层间封隔和保护套管的作用，引起储层气体环空窜流，直接影响到天然气的正常开发与气井开采寿命。

1.5　固井质量评价方法

固井质量评价主要是对水泥环胶结质量的检查，即检查水泥环-套管和地层-水泥环的胶结情况。为了更好的评价水泥环胶结前后的质量情况，需要分析测井仪器对固井质量评价的差异，关于常用的固井质量检测方法介绍如下。

（1）声幅测井（CBL）

声幅测井仪采用一发三收系，换能器频率按相似比原则升高，通过测量套管的滑行波（又叫套管波）的幅度衰减，来探测管外水泥的固结情况，其工作原理如图1-1所示。CBL下井仪器常用源距为3ft（1m）和5ft（1.5m）。发射换能器 T 发出声波，其中以临界角入射的声波在泥浆和套管的界面上折射产生，沿这个界面在套管中传播的滑行波，套管波又以临界角的角度折射进入井内泥浆到达接收换能器 R 被接收。仪器测量记录套管波的第一正峰的幅度值，即得到 CBL 曲线值。这个幅度值的大小除了决定于套管与水泥胶结程度外，还受套管尺寸、水泥环强度和厚度以及仪器居中情况的影响。

若套管与水泥胶结良好，套管与水泥环的声阻抗差较小，声耦合较好，套管波的能量容易通过水泥环向外传播，套管波能量有较大的衰减，测量记录到的水泥胶结值就很小；若套管与水泥胶结不好，套管外有泥浆存在，套管与管外泥浆的声阻抗差很大，声耦合较差，套管波的能量不容易通过套管外泥浆传播到地层中去，套管波能量衰减较小，所以 CBL 值很大，管外没有水泥的自由套管段达到最大。利用 CBL 曲线值可以判断固井质量。声幅测井的特征：胶结好，声幅小；胶结差，声幅大。

（2）变密度测井（VDL）

声波变密度测井（Variable Density Log）也是一种测量固井质量的声波测井方

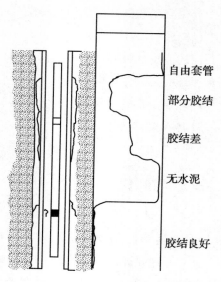

自由套管

部分胶结

胶结差

无水泥

胶结良好

图 1-1 CBL 测井示意图

法，它能反映水泥环的第一界面和第二界面的胶结情况。变密度测井的声系由一个发射换能器和一个接收换能器组成，源距一般为 1.5m，声系通常附加另一个源距为 1m 的接收换能器，以便同时记录一条水泥胶结测井曲线。套管井中声波的传播及其与胶结情况的密切关系。在套管井中，从发射换能器 T 到接收换能器 R 的声波信号有四个传播途径：沿套管、水泥环、地层以及直接通过泥浆传播。通过泥浆直接传播的直达波最晚到达接收换能器，最早到达接收换能器的一般是沿套管传播的套管波，水泥对声能衰减大、声波不易沿水泥环传播，所以水泥环波很弱可以忽略。当水泥环的第一、第二界面胶结良好时，通过地层返回接收换能器的地层波较强。若地层速度小于套管速度，地层波在套管波之后到达接收换能器，这就是说，到达接收换能器的声波信号次序首先是套管波，其次是地层波，最后是泥浆波。声波变密度测井就是依时间的先后次序，将这三种波全部记录的一种测井方法，记录的是全波列。该方法与水泥胶结测井组合在一起，可以较为准确地判断水泥胶结的情况。

固井一界面胶结好，二界面胶结差，则套管波信号弱，地层波信号也弱；一二界面胶结都好，则套管波信号弱，地层波信号强。一界面胶结差，则很难判断二界面的胶结情况。声幅测井（CBL）和变密度测井（VDL）的具体评价过程如表 1-1 所示。

表 1-1 两种固井质量评价方法的对比：CBL 和 VDL

序号	水泥胶结类型	CBL	VDL	
		幅度	套管波	地层波
1	"自由套管"居中或偏心	高	强	无或强
2	第一界面胶结好，第二界面胶结好	低	弱	强
3	第一界面胶结好，第二界面胶中等	低	弱	中强
4	第一界面胶结好，第二界面胶结差	低	弱	弱或无
5	第一界面胶结中等，第二界面胶结好	中低	中强	强
6	第一界面胶结中等，第二界面胶结中等	中低	中强	中强
7	第一界面胶结中等，第二界面胶结差	中低	中强	弱或无
8	第一界面胶结差，第二界面胶结差	高	强	无

（3）水泥胶结评价测井（CET）

水泥胶结评价测井（CET）是采用超声脉冲回声的方法，换能器成双螺旋结构排列，依次向井壁发射超声脉冲，使套管产生厚度型谐振，即胶结好的水泥使谐振减弱，而胶结不好的水泥或泥浆使谐振增强。这种测井方法由于波的运动垂直于套管壁，消除了 CBL 测井方法对微环敏感弱点，并且环周分辨率也得到很大的提高。

声波脉冲的衰减率取决于环空介质的声阻抗：套管外为钻井液时，其声阻抗小，衰减很慢；套管外为水泥浆时，其声阻抗较大，衰减很快；而且，水泥石的强度越高，其声阻抗越大，声波能量衰减越快，即衰减能反映水泥石的强度。

1.6 固井水泥环失效机理

固井水泥环的主要作用是支撑和悬挂套管，保护井壁，封堵地层流体，防止层间窜流，它决定了油井寿命或套管的寿命。油气井固井水泥环和建筑上的水泥基材料一样，是一种易收缩的脆性材料，再加上各种试井、测试、投产、生产作业和地层条件的影响，使套管和水泥环受到温度、压力等各种因素大幅度变化的影响和井下各种酸性流体（如二氧化碳、硫化氢等）的腐蚀，不可避免地会在水泥环内部产生微裂缝，在固井水泥环与地层井壁的胶结界面产生微间隙，或使水泥环孔隙度增大，使固井水泥环的封隔功能失效，我们将此定义为油气井固井水泥环损伤。

油气井固井水泥环一旦发生损伤，就会对其封隔性能产生破坏，形成井下地层流体的窜流通道，造成层间封隔失效和套管保护功能的失效，引起油层套管损害、油气井含水升高、热采井窜气和地下油气水分布混乱、破坏油气层、地下天然气和有毒气体泄露等一系列严重的开发问题。

我国的中原油田、长庆油田、延长油田、胜利油田、四川油田和大庆油田等油气田，由于特殊复杂的地质条件地下流体多为腐蚀性流体，对水泥环腐蚀严重，水泥环一旦发生腐蚀，套管的保护屏障失效，生产套管也就因腐蚀严重破坏；再加上油田长期的强采强注，使油气井的固井水泥环受到不同程度的损坏，油气层封隔失效，造成油水气窜，使油气井无法正常生产，形成大量的低效井和关停井。

20 世纪 90 年代以来，中国大部分油田套管损坏呈上升趋势。例如中原油田目前已发现套损井占投产井数的 23.3%；胜利油田累计套损井数分别为 3000 口，套管损坏井约占投产井数的 10%；长庆樊家油田投入开发仅 13 年时间，油水井套损比例就高达 34%；到 2003 年大庆全油田套损井就累计超过 8000 口。每年产生的数千口低效井中，由于油气井固井水泥环损伤，而产生的低效井占 40%以上。油气井固井水泥环损伤在气井中显得更加突出。如在美国由于气窜和其他地层流体窜流而被迫关停的油气井达到 9000 口，在加拿大有 34000 口。

国外对水泥石的破坏方式进行了相关的研究，将水泥石的破坏方式分为结构破坏和强度破坏两个方面。其中结构破坏又分为环内壁破坏、环外壁破坏、环体破坏；强度破坏又分为水泥环轴向拉伸破坏和水泥环径向拉伸破坏。本书着重介绍水泥石的结构破坏。

由于孔眼的存在会在射孔处造成应力集中，所以射孔水泥环的破坏是从孔眼处开始的。同完整水泥环的破坏机理一样：当外挤力 p_Y 远远大于地层压力 p_p 时，水泥环周向拉应力 σ 超过水泥环的抗拉强度，水泥环发生周向断裂；当外挤力 p_Y 或地层压力 p_p 超过水泥环的抗压强度时，水泥环会发生体积破碎。由于射孔会在孔眼附近造成应力集中，无论是发生周向断裂还是体积压碎，水泥环的破坏都是从射孔孔眼处开始的。

根据水泥环破坏方式的不同，可以将水泥环的破坏方式分为抗压强度破坏和抗拉强度破坏两种，其中抗压强度破坏又分为第一界面破坏、第二界面破坏和水泥环整体破坏三种；抗拉强度破坏主要为周向断裂。图 1-2 显示了完整水泥环破坏方式示意图。

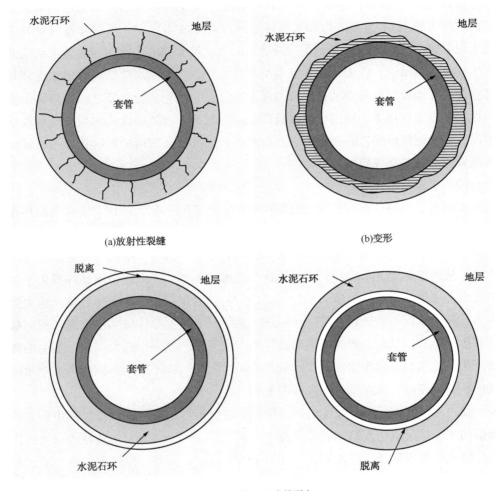

(a)放射性裂缝 (b)变形

(c)水泥环–地层和水泥环–套管脱离

图 1-2　水泥石环的主要破坏形式

（1）地层–水泥环界面破坏

即固井二界面，第二界面破坏主要发生于深井等地层压力较高的井中，较高的地层压力直接作用于水泥环外壁，外壁产生较大的压应力，当此压应力超过水泥石的抗压强度时，水泥环从外壁开始发生破坏。流体通过二界面窜流的主要原因有 6 种：①水泥浆水化凝结过程中因水化和向地层失水发生体积收缩，导致水泥浆凝结后在径向上产生位移与井壁形成微环隙；②钻井液顶替效率低，井壁上钻井液或滤饼干枯收缩脱水（水泥水化吸收钻井液中的自由水，水化放热加速钻井液或滤饼脱水），导致井壁和水泥环之间微环隙的形成；③固井作业时钻井液或水泥浆窜槽，钻井液和水泥菜掺混后形成强度较低的混合物，导致地下活跃的天然气很容易窜流；④由于钻井液本身导致井壁表面为油湿，结果致使水泥环与井壁连接界面胶结质量差从而引发的环空窜流；⑤水泥浆与井壁之间的胶结两界面在井下压差作用下，地层流体渗流产生动态干扰，致使固井水泥浆与地层胶结差而引发的流体窜槽；⑥在后续生产过程中，固井界面胶结遭到射孔冲击破坏或者热采应力破坏而导致的环空窜流。

（2）水泥石本体破坏

水泥石是一种具有先天缺陷的脆性材料，在实际工况下，井下固井水泥环在射孔作业弹高能聚流冲击力的作用下，水泥石会产生破裂而形成宏观裂纹，而在后期生产过程中会继续实施一些如酸化、压裂等增产措施，这将导致裂纹更加扩大化，从而破坏固井水泥环的密封性而引起流体窜槽。水泥环整体破坏发生于较高压力井压裂时，在压裂压力和地层高内压的同时作用下，水泥环的整体应力值偏大，超过水泥石的抗压强度，水泥环从两壁开始发生整体破坏。水泥环周向破坏发生于压裂启动时，瞬间的高启动压力对水泥环产生一个远大于地层压力的激动压力，此压力作用于水泥环使水泥环周向扩大，当水泥环周向拉应力大于水泥环的抗拉强度时，水泥环发生周向断裂。

通过固井水泥石基体发生的环空层间窜流包括：①在注替水泥过程中钻井液窜槽使水泥环形成内部缺陷；②平衡注水泥工艺过程中的施工失败导致层流体进入环空从而引发的环空窜流问题；③由于水泥架体系沉降稳定性差，在候凝过程中引起自由水大量形成，在温度和压力作用下沿着井筒上窜；④水泥石本身存在的水化缺陷导致在水泥石基体内部形成微裂缝；⑤水泥菜凝结过程中产生失重，作用于气层的有效压力降低引发气窜；⑥水泥梁凝结后由于作业导致的问题如射孔压力冲击、压裂作业施工产生高压、酸化施工的酸液对水泥石腐蚀、地层流体对水泥石腐蚀、水泥石在高温下的产生强度衰退后在压力作用下碎裂而导致流体窜槽；⑦水泥石孔渗结构的影响，如高渗透的水泥石基体可成为窜流的通道。

水泥石长期层间封隔能力受到如下因素影响：①温度变化，包括地层温度变化、注蒸汽井和热采井，引起应力变化，导致水泥石产生裂缝；②固井后套管试压，压力变化导致水泥石产生裂缝，还有试压措施不当，如压力增加和卸压速度过快均可能导致水泥石产生裂缝；③固井后继续钻进时，采用不同密度的钻井液使得井下压力变化而破坏上一次固井所形成水泥环的完整性；④地层的构造应力，诸如盐膏层螺变可能导致水泥环和套管完全破坏；⑤油气井投产后，地层压力变化会使得水泥石与套管壁或井壁形成微间隙；⑥水泥石自身协调性变能力差，在遭受上述温度、压力后不能与地层、套管产生协调变形而产生裂缝甚至完全挤毁。

（3）套管–水泥环界面破坏

即固井第一界面，常规固井水泥浆凝结硬化过程中，在水泥与套管胶结界面生成大量可溶性的 $Ca(OH)_2$ 粗大晶体和稳定性较差的高碱性 C–S–H 凝胶，耐冲蚀的钙矾石和水化钙黄长石发育充分，使得界面处结构比较疏松，孔隙率较高，形成了固井水泥环胶结的"弱界面"（如图 1–3 所示）。任呈强等[1]的研究表明：在 80℃、常压下养护 7d，常规固井水泥石胶结界面剪切强度仅为 2.2MPa；龄期为 1d、3d 和 7d 时，胶结界面的显微硬度比水化水泥浆本体分别降低了 24.0%、17.1% 和 18.5%。若腐蚀性介质到达胶结界面，易生成微溶于水或无胶结性能的固相，造成水泥石渗透率增大、强度降低、胶结质量变差，最终导致界面失稳，形成气体和液体上窜的通道，破坏油气井的完整性。

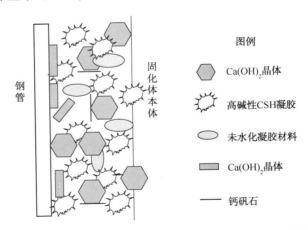

图 1–3　G 级油井水泥浆与套管胶结界面的微观结构模型

第一界面破坏主要发生于压裂时，较高的压裂压力通过套管作用于水泥环内壁产生较大的外挤力，当此压力超过水泥环的抗压强度时，水泥环从内壁开始发生破坏。通过一界面窜流的原因有：①套管壁清洗不干净，在井壁上残留钻井液或油膜，钻井液中的某些高分子聚合物将会吸附在套管壁上从而形成一层吸附

13

层，降低水泥菜与套管的胶结性能，降低了第一界面的剪切胶结强度，而且吸附层的存在也容易形成微环隙；②套管本体、套管接箍、回接筒插入座以及悬挂器受地层酸性气体（H_2S、CO_2）腐蚀，形成气窜通道；③固井作业时钻井液或水泥浆窜槽引起窜流；④在后续生产过程中，界面胶结遭到破坏导致流体窜槽。套管接箍、回接筒插入座以及悬挂器盘根密封失效，高压天然气也可能从套管螺纹连接处泄漏。目前国内外高温高压酸性气田开发，多使用防硫金属密封套管，同时使用套管丝扣黏接剂保证套管在完井高压时的密封性能，但是金属密封是依靠面面密封，一旦密封面因某种原因出现缺陷，在井下也就不可避免地会形成窜流通道。

第 2 章

常规油井水泥

2.1　概　　述

常规油井水泥中，对水泥的凝结与硬化起主导作用的是以下四种矿物成分：硅酸三钙、硅酸二钙、铝酸三钙和铁铝酸四钙。其中，硅酸三钙是水泥产生强度的主要化合物，该矿物的强度增长速率较快，且后期强度也高。硅酸二钙水化反应慢，强度增长速率慢，主要提供水泥的后期强度。铝酸三钙水化反应速度最快，是决定水泥浆初凝时间和稠化时间的主要因素，对水泥浆的流变性也有很大影响；同时，铝酸三钙对硫酸盐类的侵蚀最为敏感，因此在抗硫油井水泥中对铝酸三钙的含量有限制：中抗硫酸盐型水泥中铝酸三钙的含量不能超过 8%，高抗硫酸盐型的水泥中铝酸三钙的含量不能超过 3%。铁铝酸四钙水化速度仅次于铝酸三钙，早期强度增长快，硬化 3d 和 28d 的强度值差别不大，强度的绝对值也不大。

2.2　油井水泥特性

油井水泥在油井封堵作业过程中，需要具备以下工作特征：

（1）抗高温高压条性能

油气井井压和井温随着井深的增加而升高。例如，在我国川中遂宁，高石梯-磨溪地区，井深达到 6000m，压力梯度达 1.5MPa/100m，温度梯度为 2.5℃/100m。500~700m 井深处，井温可达到 150~180℃。水泥浆在高温高压井下凝固后，由于井下温度、压力的变化将导致过大的应力，破坏水泥环的整体性，从而导致层间封隔失效，甚至挤毁套管。因此，油井水泥必须适应井下温度和压力的工作条件。

近年来，国内外钻井服务公司就如何在高温油田深井开发过程中不断提高水泥浆性能、优化注水泥过程和降低固井风险，进行了大量的投资和试验，取得了一定的进展。中国石油集团工程技术研究院孙富全等自主研发了适应改性丁苯胶乳水泥浆体系的稳定剂、分散剂、消泡剂等，配制出的水泥浆适用温度可达170℃，具有良好的防气窜性、失水性能（API 失水量不大于 50mL）、流变性、稳定性，稠化时间可调，已在辽河油田侧钻井固井中应用，效果良好。根据大庆油田油藏埋藏深、井温高、目的层多等特点，姜宏图等开发了 DHL 丁苯胶乳高温防窜水泥浆。该体系具有抗高温（循环温度达 170℃，静止温度达 220℃）、低渗透率、直角胶凝、防水气窜和流变性能良好等特点，胶乳掺量为 5%～20%。DHL 胶乳水泥浆体系一旦形成胶凝强度，水泥环迅速由液体状态过渡到低渗透固体状态，能防止多目的层长封固段的油气水窜发生。该体系已在大庆油田卫 25 井、井深 7 井和达深 1 井中应用，效果良好。另外，海洋钻井公司南海西部石油公司根据南海西部气井固井井温高、地层压力系数较高、气窜潜力大等特点，选用胶乳作主剂，加重材料和热稳定材料粗细搭配，利用 Halliburton 或 Schlumberg 的外加剂和外掺料，开发出了适合海洋高温高压气井固井的高密度防窜水泥浆。高密度防窜水泥浆凝固过程中不同时刻的有效当量密度都接近或大于水泥浆的原始密度，不会因失重而发生气侵。高密度水泥浆虽然其失重较快，但阻力增加也较大，因此，适当增加水泥浆的密度，有利于防止水泥浆凝结过程中的气窜。目前该水泥浆已成功地应用在南海西部，并取得了突破性的进展。该水泥浆体系不仅适用于井底温度高于 206℃ 的大气区的井，其核心材料组成的防窜水泥浆体系也适用于井底温度在 85℃ 左右的大气区边缘气井。

（2）可泵性

水泥浆体需有良好的可泵性，这样才能保证水泥浆顺利进入所需封固的部位，完成固井作业。油井水泥的可泵性通常用稠化时间来衡量。

（3）抗压强度高

固井水泥石环在井内的受力环境极为复杂，需要承受多向压力，因此水泥浆硬化后应尽快达到一定强度，以发挥其封固能力。

（4）韧性强

套管试压、射孔、后期压裂增产、温度场波动造成的应力变化、地层压实滑移等可能会导致水泥环内部产生裂纹，胶结面产生微环隙。这些情况都会破坏水泥环的密封完整性，从而导致井下油气水窜、套管环空带压，进而导致井口不安全、油气井寿命降低等一系列问题。为解决改善此问题，固井水泥石需要具有良好的韧性保证水泥环的密封完整性。

（5）抗硫酸盐侵蚀

石油和天然气的伴生酸性气体 H_2S 作为地层水的组分存在于油气层或地层水中，在适宜的环境条件下会对固井水泥环产生腐蚀作用，水泥环柱受到腐蚀作用后使水泥环强度下降而渗透率增大，严重时会导致对套管产生点蚀、穿孔以及生产油管的腐蚀断裂。随着腐蚀程度的增大，固井水泥环中的胶结组分遭到破坏，抗压强度最终完全丧失，并诱发地层流体窜流、塑性地层的井壁垮塌等事故发生，从而缩短油气井的生产寿命，造成巨大的经济损失。

2.3　水泥环受力及计算分析

通过弹性力学理论及厚壁圆筒模型，建立页岩气水平井条件下的地层-水泥环-套管力学受力模型，将该简化力学模型做以下基本假设：

（1）井眼为圆形水平井眼，且取微小段水泥环进行受力分析，忽略水泥环自身重量影响；

（2）地层、套管为各向同性且均匀的线弹性材料，地应力沿周向均匀分布；

（3）水泥石与套管、地层形成的胶结界面紧密接触；

（4）水泥石在发生完全脆性破坏前，是均匀、各向同性的线弹性材料。

根据弹性力学厚壁圆筒理论，若圆筒内半径为 a，外半径为 b，在内压力 q_a 和外压力 q_b 作用下的径向应力及位移可表示为：

$$\sigma_r = \frac{a^2 b^2}{b^2 - a^2}\left[\left(\frac{1}{r^2} - \frac{1}{b^2}\right)q_a + \left(\frac{1}{a^2} - \frac{1}{r^2}\right)q_b\right]$$

$$\mu_r = \frac{1+\mu}{E(b^2-a^2)}\left\{\left[(1-2\mu)a^2 r + \frac{a^2 b^2}{r}\right]q_a - \left[(1-2\mu)b^2 r + \frac{a^2 b^2}{r}\right]q_b\right\}$$

假定在地层-水泥环-套管弹性组合体中套管内压力为 p_1，水泥环与套管的接触压力为 p_2，水泥环与井壁接触压力为 p_3，径向原始地应力为 p_e，地层岩石圈半径为 r_e，套管内半径为 r_1，外半径为 r_2，井眼半径为 r_3；套管弹性模量为 E_1，泊松比为 μ_1，水泥石弹性模量为 E_2、泊松比为 μ_2，另设地层弹性模量为 E_3、泊松比为 μ_3。

由拉梅公式的基本解可以推导出井下水泥环所受应力为：

$$\sigma_{r2} = -\frac{r_2^2 r_1^2}{r_1^2 - r_2^2}\left[\left(\frac{1}{r^2} - \frac{1}{r_1^2}\right)\Delta p_2 + \left(\frac{1}{r_2^2} - \frac{1}{r^2}\right)\Delta p_1\right]$$

$$\sigma_{\theta 2} = -\frac{r_2^2 r_1^2}{r_1^2 - r_2^2}\left[\left(\frac{1}{r^2} + \frac{1}{r_1^2}\right)\Delta p_2 - \left(\frac{1}{r_2^2} + \frac{1}{r^2}\right)\Delta p_1\right](\gamma_2 \leq \gamma \leq \gamma_3)$$

$$\sigma_{z2}=\mu_2(\sigma_{\gamma 2}+\sigma_{\theta 2})$$

由于径向原始应力很难发生改变，因此计算过程中 $\Delta p_e=0$，可推导出套管内压变化下水泥环内壁位移 μ_{21} 及外壁位移 μ_{22}：

$$\mu_{21}=\frac{1+\mu_2}{E_2(\gamma_3^2-\gamma_2^2)}[\gamma_2\gamma_3^2+(1-2\mu_2)\gamma_2^3]\Delta p_2-\frac{2\gamma_2\gamma_3^2(1-\mu_2^2)}{E_2(\gamma_3^2-\gamma_2^2)}\Delta p_3$$

$$\mu_{22}=\frac{2\gamma_2\gamma_3^2(1-\mu_2^2)}{E_2(\gamma_3^2-\gamma_2^2)}\Delta p_2-\frac{1+\mu_2}{E_2(\gamma_3^2-\gamma_2^2)}[\gamma_3\gamma_2^2+(1-2\mu_2)\gamma_3^3]\Delta p_3$$

式中　$\sigma_{\gamma 2}$——水泥环受到的径向应力，MPa；

$\sigma_{\theta 2}$——水泥环受到的周向应力，MPa；

σ_{z2}——水泥环受到的轴向应力，MPa；

Δp_1——套管内压变化差值，MPa；

Δp_2——水泥环内壁压力变化差值，MPa；

Δp_3——水泥环外壁压力变化差值，MPa。

2.4　油井水泥型号与应用

由于注水泥作业的井下条件与建筑工程的地面环境完全不同，所以，我国标准或 API 规范都根据化学成分和矿物组成规定了专门的分级和分类，以适应不同的井深和井下条件。目前，API 规范和我国标准把油井水泥分为 A~H 八个级别，每种水泥都适用于不同的井深、温度和压力。同一级别的油井水泥，又根据 C_3A（$3CaO\cdot Al_2O_3$）含量分为：普通型（O）$C_3A<15\%$；中抗硫酸盐型（MSR）$C_3A\leqslant 8\%$，$SO_2\leqslant 3\%$；高抗硫酸盐型（HSR）$C_3A\leqslant 8\%$，$C_4AF+2C_3A\leqslant 24\%$，以示其抗硫酸盐侵蚀的能力。

各级油井水泥适用于不同的井况。A 级只有普通型一种，化学成分和细度类似于 ASTMC150，Ⅰ型。适合无特殊要求的浅层固井作业。在我国大庆、吉林、辽宁油田用量较大。配制的水泥浆体系也较为简单，一般是 A 级油井水泥加入现场水按比例混合即可，有时根据需要可适当加入少量的外加剂如促凝剂等。

B 级具有中抗硫酸盐型（MSR）和高抗硫酸盐型（HSR）。B 级中抗型的化学成分和细度类似于 ASTMC150，Ⅱ型。B 级高抗型类似于 ASTMC150，Ⅴ型。一般适用于需抗硫酸盐的浅层固井作业，目前在我国还没有使用。

C 级又被称作早强油井水泥，具有普通(O)型、中抗硫酸盐型(MSR)和高抗硫酸盐型(HSR)三种类型。普通(O)型的化学成分和细度类似于 ASTMC150，Ⅲ型。一般适用于需早强和抗硫酸盐的浅层固井作业。C 级油井水泥凭借其自身低密高强的特性，在浅层油气井的封固和低密度水泥浆的配制都有较大的优势，只是我国固井在配方设计上习惯于用 G 级油井水泥，限制了 C 级油井水泥的使用，它在我国几乎没有使用。

D 级、E 级、F 级又被称作缓凝油井水泥。具有中抗硫酸盐型(MSR)和高抗硫酸盐型(HSR)。一般适用于中深井和深井的固井作业。D 级油井水泥在我国华北油田、中原油田使用较多。由于要通过控制特定矿物组成的水泥熟料，来达到 D 级油井水泥的指标要求，工艺复杂生产控制难度大而造成成本较高。而且 D 级油井水泥可以通过 G 级 H 级油井水泥加入缓凝剂来代替，该工艺较为简单所以近几年 D 级油井水泥的使用量也在逐渐下降。E 级 F 级油井水泥在我国尚没有应用报道。

G、H 级油井水泥被称为基本油井水泥，具有中抗硫酸盐型(MSR)和高抗硫酸盐型(HSR)。可以与外加剂和外掺料相混合适用于大多数的固井作业。水泥浆体系也多种多样。G 级 H 级油井水泥可以与低密材料(粉煤灰、漂珠、膨润土等)配制低密度水泥浆体系，用于低压易漏地层的封固；可与外加剂配成常规密度水泥浆体系，用于常规井的封固，可与加重材料(晶石粉、铁矿粉等)外加剂配成高密度水泥浆体系，用于深井和高压气井的封固。其中 G 级油井水泥在我国用量最大，生产厂家最多在我国各个油田都有使用。H 级油井水泥比 G 级油井水泥要磨的粗一些，水灰比小，配成水泥浆密度在 $1.98g/cm^3$ 左右，更适合配制成高密度水泥浆体系用于高压气井的封固，在我国塔里木油田使用较多。

(1) A 级油井水泥

A 级油井水泥主要用于无特殊性能要求的浅层油井封堵作业，与其他级别的油井水泥相比，具有硬化较快、强度较高等的特点。在现行国家标准中，A 级油井水泥只有普通型(O)一种。

① 技术要求

氧化镁含量不超过 6.0%；

一般情况下，三氧化硫含量不超过 3.5%，当 A 级油井水泥中铝酸三钙含量为 8.0%或者小于 8.0%时，三氧化硫的含量不超过 3.0%；

最大烧失量为 3.0%；

最大不溶物含量为 0.75%。

② 物理性能要求

混合水占水泥质量分数：46%；

细度比表面积最小值 280m²/kg；

45℃、26.7MPa 条件下的稠化时间最小值：90min；

38℃、常压、养护 8h 的抗压强度最小值为 1.7MPa；

38℃、常压、养护 24h 的抗压强度最小值为 12.4MPa；

（2）B 级油井水泥

B 级油井水泥与 A 级油井水泥相似，主要用于无特殊性能要求的浅层油井封堵作业，可分为中抗硫酸盐型（MSR）和高抗硫酸盐型（HSR）两种类型。

① 技术要求

氧化镁含量不超过 6.0%；

三氧化硫含量不超过 3.0%；

最大烧失量为 3.0%；

最大不溶物含量为 0.75%；

铝酸三钙 C_3A 最大值：中抗硫酸盐型 MSR 8.0%，高抗硫酸盐型 HSR 3.0%；

高抗硫酸盐型 B 级油井水泥的 HSR C_4AF+2C_3A 最大值：24.0%。

② 物理性能要求

混合水占水泥质量分数：46%；

细度比表面积最小值 280m²/kg；

15~30min 最大稠度：30Bc；

45℃、26.7MPa 条件下的稠化时间最小值：90min；

38℃、常压、养护 8h 的抗压强度最小值为 1.4MPa；

38℃、常压、养护 24h 的抗压强度最小值为 10.3MPa。

（3）C 级油井水泥

C 级油井水泥与 A 级油井水泥相似，主要用于无特殊性能要求的浅层油井封堵作业，可分为普通型（O）、中抗硫酸盐型（MSR）和高抗硫酸盐型（HSR）三种类型。

① 技术要求(表2-1)

表 2-1　C 级油井水泥技术要求

项　　目	普通型	中抗硫酸盐型	高抗硫酸盐型
氧化镁最大值/%	6.0	6.0	6.0
三氧化硫最大值/%	4.5	3.5	3.5
烧失量最大值/%	3.0	3.0	3.0
不溶物最大值/%	0.75	0.75	0.75
C_3A 最大值/%	15.0	8/0	3.0
C_4AF+2C_3A 最大值/%	—	—	24.0

② 物理性能要求

混合水占水泥质量分数：56%；

细度比表面积最小值 400m²/kg；

15~30min 最大稠度：30Bc；

45℃、26.7MPa 条件下的稠化时间最小值：90min；

38℃、常压、养护 8h 的抗压强度最小值为 2.1MPa；

38℃、常压、养护 24h 的抗压强度最小值为 13.8MPa。

（4）D 级油井水泥

D 级油井水泥可用于中温中压油井条件的封堵作业，分为中抗硫酸盐型（MSR）和高抗硫酸盐型（HSR）两种类型。现行国家标准 GB 10238—2005 对 D 级油井水泥的技术要求如下：

① 技术要求

氧化镁含量不超过 6.0%；

三氧化硫含量不超过 3.0%；

最大烧失量为 3.0%；

最大不溶物含量为 0.75%；

铝酸三钙 C_3A 最大值：

中抗硫酸盐型 MSR 8.0%，高抗硫酸盐型 HSR 3.0%；

高抗硫酸盐型 B 级油井水泥的 HSR C_4AF+2C_3A 最大值：24.0%；

② 物理性能要求

混合水占水泥质量分数：38%；

15~30min 最大稠度：30Bc；

45℃、26.7MPa 条件下的稠化时间最小值：90min；

22

62℃、51.6MPa 条件下的稠化时间最小值：100min；

77℃、20.7MPa、养护 24h 的抗压强度最小值为 6.9MPa；

110℃、20.7MPa、养护 8h 的抗压强度最小值为 3.4MPa；

110℃、20.7MPa、养护 24h 的抗压强度最小值为 13.8MPa。

（5）E 级油井水泥

E 级油井水泥适用于高温高压深井作业，分为中抗硫酸盐型（MSR）和高抗硫酸盐型（HSR）两种类型。现行国家标准 GB 10238—2005 规定，E 级油井水泥的化学要求与 D 级水泥完全相同，其物理性能要求如下：

混合水占水泥质量分数：38%；

15～30min 最大稠度：30Bc；

62℃、51.6MPa 条件下的稠化时间最小值：100min；

97℃、92.3MPa 条件下的稠化时间最小值：154min；

77℃、20.7MPa、养护 24h 的抗压强度最小值为 6.9MPa；

110℃、20.7MPa、养护 8h 的抗压强度最小值为 3.4MPa；

143℃、20.7MPa、养护 8h 的抗压强度最小值为 3.4MPa；

143℃、20.7MPa、养护 24h 的抗压强度最小值为 13.8MPa。

（6）F 级油井水泥

F 级油井水泥适用于高温高压深井作业，分为中抗硫酸盐型（MSR）和高抗硫酸盐型（HSR）两种类型。现行国家标准 GB 10238—2005 规定，F 级油井水泥的化学要求与 D 级水泥完全相同，其物理性能要求如下：

混合水占水泥质量分数：38%；

15～30min 最大稠度：30Bc；

62℃、51.6MPa 条件下的稠化时间最小值：100min；

120℃、111.3MPa 条件下的稠化时间最小值：190min；

110℃、20.7MPa、养护 24h 的抗压强度最小值为 6.9MPa；

160℃、20.7MPa、养护 8h 的抗压强度最小值为 3.4MPa；

160℃、20.7MPa、养护 24h 的抗压强度最小值为 6.9MPa。

（7）G、H 级油井水泥

G 级、H 级油井水泥是基本油井水泥，现行国家标准中可分为中抗硫酸盐型（MSR）和高抗硫酸盐型（HSR）两种类型，其中 G 级 HSR 型油井水泥是我国油井水泥中产量最大、应用最广的品种。G 级、H 级油井水泥的技术要求和物理性能要求是相同的，具体要求如下：

① 技术要求

氧化镁含量不超过 6.0%；

三氧化硫含量不超过 3.0%；

最大烧失量为 3.0%；

最大不溶物含量为 0.75%；

硅酸三钙含量：

中抗硫酸盐型 MSR：48%~58%；

高抗硫酸盐型 MSR：48%~65%；

铝酸三钙 C_3A 最大值：

中抗硫酸盐型 MSR 8.0%，

高抗硫酸盐型 HSR 3.0%；

高抗硫酸盐型 B 级油井水泥的 HSR C_4AF+2C_3A 最大值：24.0%；

② 物理性能要求

混合水占水泥质量分数：44%；

游离液含量最大值：5.9%；

15~30min 最大稠度：30Bc；

52℃、35.6MPa 条件下的稠化时间：90~120min；

38℃、常压、养护 8h 的抗压强度最小值为 2.1MPa；

60℃、常压、养护 8h 的抗压强度最小值为 10.3MPa。

2.5 油井水泥的凝结硬化及水化

油井水泥的主要技术性能特点是固井作业时的可泵性、作业完成后的抗压强度和抗硫酸盐侵蚀性能。为获得所需性能指标，必须深入理解油井水泥凝结硬化理论。

为了延缓油井水泥的稠化时间、保证水泥浆的可泵性，在固井作业中往往在水泥浆中掺入适量缓凝剂。在油井水泥水化过程中缓凝剂的作业机理主要有以下四种：

（1）吸附理论

缓凝剂吸附于水泥水化产物的表面，阻止水化产物与水的接触，达到缓凝的

24

目的。

（2）沉淀理论

缓凝剂与液相中的 Ca^{2+} 或 OH^- 反应，在水泥颗粒表面形成不溶于水的非渗透层。

（3）晶核理论

缓凝剂吸附在水化产物的微晶核上，阻碍晶体的增长。

（4）络合理论

缓凝剂与水化产物络合，阻止晶核的形变。

中国油田通常采用的缓凝剂有木质素磺酸盐类、羟基羧酸及其盐类、糖类化合物、纤维素衍生物等，它们的缓凝机理各不相同：

① 木质素磺酸盐类

这类缓凝剂的主要是影响 C_3S 的水化动力学，其作用机理可归纳为吸附理论和晶核理论。对高 C_3A 的水泥，由于 C_3A 对木质素磺酸盐的强烈吸附，影响缓凝剂到达 C_3S 的表面；对低 C_3A 含量的水泥，此缓凝剂的缓凝效果较好，如我国的 HG-1 就属于这类缓凝剂。

② 羟基羧酸及其盐类

这类缓凝剂主要有葡萄糖酸、柠檬酸、酒石酸（ $C_4H_4O_6$ ）等。柠檬酸和酒石酸吸附在水泥颗粒的表面，降低水泥的溶解和氧化速度，其阴离子与 Ca^{2+} 生成微溶性沉淀，因而降低了溶液中 Ca^{2+} 的浓度，达到缓凝的目的。

③ 糖类化合物

这类缓凝剂主要有蔗糖、棉子糖、可溶性淀粉等。这些糖类化合物在水泥浆中水解转化为含有 α 羟基的羰基化合物或糖酸，强烈的吸附在 C-S-H 键的凝胶上，毒化胶核。这类缓凝剂的缓凝效果取决于在碱性条件下的水解程度。

④ 纤维素衍生物

纤维素属于聚多糖类，最常用的此类缓凝剂包括羧基甲基纤维素（CMC）。聚多糖吸附在水泥颗粒上，同时使水泥浆的黏度增加，减少水泥浆与水的接触，从而达到缓凝的效果。

第 3 章

硫铝酸盐油井水泥

3.1 概　　述

　　硫铝酸盐水泥最早是在我国20世纪70~80年代发明的，是中国对世界水泥研究的重要贡献之一。国家标准GB 20472—2006《硫铝酸盐水泥》中定义硫铝酸盐水泥是以适当成分的生料煅烧后得到以无水硫铝酸钙和硅酸二钙为主要矿物成分的熟料，掺加不同量的石灰石、适当石膏共同磨细制成的具有水硬性的胶凝材料。硫铝酸盐水泥生料的铝制主要由矾土提供，钙质主要由石灰石提供，而硫质原材料主要由石膏提供。生料经1250~1350℃煅烧后得到硫铝酸盐水泥熟料，在配制水泥时还需要根据水泥品种的不同加入一定量的石膏。硫铝酸盐水泥熟料以无水硫铝酸钙硅酸二钙为主，还有少量游离石膏和铁相。

　　石膏是生产硫铝酸盐水泥重要的原材料之一，在生料配料时提供硫铝酸盐水泥熟料所需的钙质与硫质，而作为后掺石膏时，石膏也起着调节延缓凝结与促进水化两方面的作用。传统的硫铝酸盐水泥，不仅在配制生料时要掺入20%左右的石膏，而且在磨制水泥时，根据品种不同也需要掺入0~40%的石膏。根据硫铝酸盐水泥品种不同，有些需要掺入天然石膏，而有些则需要掺入硬石膏。硫铝酸盐水泥水化初期，在石膏存在的情况下AFt大量形成并覆盖在未水化的硫铝酸钙和硅酸二钙晶体表面，使得未水化水泥颗粒与水接触的机会大大减少，削弱了早期水化速度，此时石膏的作用表现为缓凝。随着反应的进行，内部水化产物逐渐形成，体积发生膨胀导致覆盖膜逐渐破裂，新的水泥表面暴露出来，水化反应速率增加，初始结构很快形成，石膏又表现出促进水化反应的作用。

　　硫铝酸盐水泥具有优越的快凝快硬、早期强度高、低碱、抗冻、耐腐蚀、微膨胀等性能，是飞机跑道、铁路、港口、路桥、码头、水坝、油井的建设和普通建筑地下工程及冬季施工非常重要的功能性材料，可用作高层建筑、高等级公路、机场桥梁与隧道等大型基础建设工程，使得工程生产周期大大缩短，因此作为特种水泥之一的硫铝酸盐水泥具有广阔的应用前景。例如：高速公路、市政道路、村村通公路等混凝土路面的修复速度直接影响交通状况，长期占道维修造成交通拥堵已屡见不鲜。硫铝酸盐水泥通过外加剂应用技术调整能够实现1~2h完成抢修恢复通车，且不开裂、不脱落，在未来的经济建设中发挥越来越重要的作用。

同时，硫铝酸盐水泥也是一种低碳环保型水泥。与电力、钢铁等传统行业相比，普通硅酸盐水泥生产时的燃料燃烧过程中会释放出大量 CO_2，生料中的石灰石的分解也要产生大量的 CO_2。据统计，水泥工业排放的 CO_2 占社会总 CO_2 排放量的 6%~10%，是碳排放的重要来源之一。因此在节能减排的要求下，降低水泥工业的 CO_2 排放对行业提出了巨大的挑战。硫铝酸盐水泥熟料的烧成温度在 1250~1350℃ 之间，相比硅酸盐水泥的烧成温度降低了 100~200℃ 左右，熟料烧成过程中 CO_2 排放量可降低 40% 左右，熟料烧成过程中的热耗可降低 14% 左右，磨细电耗可降低 40% 左右，具有很好的环保效益。同时，硫铝酸盐水泥生产过程中可利用工业废渣作为原料，水泥粉磨中还可加入一定量其他工业废渣作为水泥混合材料，这符合国家相关产业政策及可持续发展战略的要求。近年来，我国硫铝酸盐水泥的总产量处于 $120×10^4$~$150×10^4$t，从需求来说，仍然存在 $100×10^4$~$150×10^4$t 的缺口，这也是由于生产硫铝酸盐水泥对含铝质原材料的要求相对较高，导致生产成本增加所致。

早在 20 世纪 80 年代，前辈科学家们就已经成功地将硫铝酸盐水泥应用到我国南极考察站建设和冬季施工的结构工程中（如图 3-1 所示）。30 多年过去了，这些建筑结构至今使用完好。1978 年 12 月，用快硬硫铝酸盐水泥建造的国家海洋局大楼（图 3-2），该楼已安全使用 40 年。1983 年初采用快硬铁铝酸盐水泥建造的福建东山岛南门海堤，如图 3-3 所示，已安全使用 35 年。2009 年采用快硬硫铝酸盐水泥抢修天安门金水桥（如图 3-4 所示），至今已有 10 年，仍在使用。

图 3-1　采用快硬硫铝酸盐水泥低温施工建成的南极长城站

图 3-2 硫铝酸盐水泥用于冬季施工的国家海洋局大楼工程

图 3-3 硫铝酸盐水泥用于福建东山岛防浪堤潮汐间隙的快速抢修工程

图 3-4 硫铝酸盐水泥用于修复天安门金水桥

硫铝酸盐水泥分为快硬硫铝酸盐水泥、低碱度快硬硫铝酸盐水泥和自应力快硬硫铝酸盐水泥。快硬硫铝酸盐水泥由适当成分的硫铝酸盐水泥熟料和少量石灰石、适量石膏共同磨细而制成，是具有早期强度高的水硬性胶凝材料，代号 R·SAC。低碱度硫铝酸盐水泥由适当成分的硫铝酸盐水泥熟料和较多量石灰石、适量石膏共同磨细而制成，其中石灰石掺量应不小于水泥质量的 15%且不大于水泥质量的 45%。低碱度硫铝酸盐水泥主要用于制作玻璃纤维增强水泥制品，代号 L·SAC。自应力硫铝酸盐水泥由适当成分的硫铝酸盐水泥熟料和适量石膏磨细制成的具有膨胀性的水硬性胶凝材料，代号 S·SAC。

3.2 硫铝酸盐水泥的特征

硫铝酸盐水泥具有以下特征：

（1）低碳环保

水泥生产过程中排放的 CO_2 占到了全人类活动所排放 CO_2 的 6%～10%，CO_2 的排放主要来源于水泥生料中石灰石的分解，即在 1450℃的煅烧温度下分解为 CaO 和 CO_2。硫铝酸盐水泥主要依靠以下方法降低 CO_2 的排放：

① 原材料中加入大量的铝矾土，减少了石灰石的用量；

② 1250℃低煅烧温度；

③ 熟料研磨过程中消耗的能量降低。

（2）早期强度高

目前企业生产的各种快硬水泥中，硫铝酸盐水泥的早强性能要比硅酸盐水泥高出 3 个标号，最高标号可达到 725，其 3d 或 7d 的抗压强度相当于普通硅酸盐水泥 28d 的抗压强度。因此，用硫铝酸盐水泥配制的超早强混凝土非常适用于抢修、抢建、喷锚加固、堵漏注浆等工程。

（3）凝结时间较快

各类硅酸盐水泥按国家标准规定，初凝时间不得小于 45min，终凝时间不得大于 10h；而硫铝酸盐水泥初凝时间多为 30～40min，终凝时间多为 55～75min。故硫铝酸盐水泥特别适合冬季和我国北方寒冷天气条件下施工。另外，硫铝酸盐水泥也可以通过掺加适量缓凝剂或促凝剂来调整凝结时间，以满足施工的技术要求。

（4）自由膨胀率低

低碱硫铝酸盐水泥 28d 自由膨胀率<0.1%，快硬硫铝酸盐水泥 28d 自由膨胀率<0.07%，以该水泥配制的混凝土有良好的抗裂性和抗渗性能，在地下工程的抗渗混凝土和接头接缝混凝土中是理想的胶凝材料。

（5）液相碱度低

快硬硫铝酸盐水泥水化液相的 pH 值为 11.5～12.0，而硅酸盐水泥水化液相的 pH 值达 13 左右。低碱水泥适合作玻璃纤维复合材料的胶结材料，特别是在硫铝酸盐水泥中外掺一定数量混合材料，如矿渣、石膏等，可以进一步降低碱度，成为理想的玻璃纤维制品的胶结材料。

（6）良好的抗冻融性

普通硅酸盐水泥早期受冻恢复到正温时强度损失 50%，而在相同条件下硫铝酸盐水泥损失仅 9%。普通硅酸盐水泥混凝土经 270 次冻融循环后全部溃裂，无法测定其强度，快硬硫铝酸盐水泥混凝土经 270 次冻融循环后仍保留 97.0% 的强度，毫无剥落现象。

（7）抗渗性高

硫铝酸盐水泥混凝土结构较致密，因此其抗渗性较好，是同标号波特兰水泥混凝土的 2～3 倍，适合用于防水抗渗工程。硫铝酸盐水泥混凝土 3d 的抗渗能力与普通硅酸盐水泥混凝土 28d 的抗渗能力相当。龄期为 7d 的高强硫铝酸盐水泥混凝土。逐级加压至 15kg/cm² 时，试件的平均透水高度仅为 1cm。

3.3 硫铝酸盐水泥的生产工艺

硅酸盐水泥熟料和硫铝酸盐水泥熟料的生产技术有一定差别，主要表现在原料、煅烧温度、生成矿物等方面。生产硅酸盐水泥熟料所用原料主要是高品位石灰石、硅质校正原料、铝质校正原料和铁质校正原料，其中石灰石品位要求 CaO>50%，配料时占原料的 70% 以上。熟料以硅酸三钙（C_3S）、硅酸二钙（C_2S）、铝酸三钙（C_3A）和铁铝酸盐（C_4AF）为主要矿物，烧成温度 1450℃。硫铝酸盐水泥的生产原料包括石灰石、矾土(铝黏土)及石膏，煅烧温度为 1300～1350℃。普通硅酸盐水泥和硫铝酸钙水泥熟料组分如表 3-1 所示。硫铝酸盐水泥熟料多孔且易碎，因此更易磨细。

表 3-1　普通硅酸盐水泥和硫铝酸钙水泥熟料的化学成分

相/水泥	普通硅酸盐水泥	硫铝酸钙水泥
C_2S	有	有
$C_2(A，F)$	有	有
$CaSO_4$	有	有
C_3S	有	没有
C_3A	有	微量
C_4A_3S	没有	有

（1）水泥熟料技术要求

硫铝酸盐水泥熟料的主要原料有石灰石、矾土和石膏，对原材料的技术要求是：

① 石灰石 CaO>50%、MgO<20%；

② 矾土：Al_2O_3>50%、SiO_2<20%、Fe_2O_3<20%、SO_3>38%；

③ 无水石膏：SO_3>45%。

生产硫铝酸盐水泥熟料时主要控制两个数值，即碱度系数（CM）和铝硫比（P），CM 一般控制在 0.9~1，P 一般控制在 3.5~4.0，CM>1 时将出现 fCaO 或 A_3C、$C_{12}A_7$ 等矿物，最终影响水泥水化速度、水化产物及形态；CM 若过小，熟料中 C_2AS 含量增加，从而降低 C_4A_7S 和 β-C_2S 的含量，对水泥性能不利；若石膏含量不足，则 Al_2O_3 过剩，熟料中 C_2AS 增加，使水泥早期性能下降[7]。一般情况下规定，硫铝酸盐水泥熟料中 Al_2O_3 含量（质量分数）应不小于 30.0%，SiO_2 含量（质量分数）应不大于 10.5%。硫铝酸盐水泥熟料的化学成分见表 3-2，对应的熟料矿物组分见表 3-3。硫铝酸盐水泥熟料烧成温度约 1350℃ 左右，例如，525 快硬硫铝酸盐水泥烧成温度 1300~1350℃，含钡硫铝酸盐水泥烧成温度 1250~1300℃。

表 3-2　硫铝酸盐水泥熟料的化学成分表　　　　　　　　%（质量）

水泥名称	SiO_2	Al_2O_3	Fe_2O_3	CaO	SO_3
普通硫铝酸盐水泥熟料	3~13	30~38	1~3	38~45	8~15
铝酸盐水泥熟料	<10	50~58	<3	32~36	
硅酸盐水泥熟料	21~25	4~8	2~4	64~67	

表 3-3　硫铝酸盐水泥的矿物组成　　　　　　　　　　　%（质量）

水泥名称	熟料矿物组成			
普通硫铝酸盐水泥熟料	$C_4A_3\bar{S}$		C_2S	C_4AF
	55~75		8~37	3~10
铝酸盐水泥熟料	CA		CA_2	C_2AS
	40~45		15~30	20~36
硅酸盐水泥熟料	C_3S	C_2S	C_3A	C_4AF
	42~60	15~35	5~14	10~16

　　硫铝酸盐水泥熟料中 C_3S 与 $C_4A_3\bar{S}$ 的共存问题也是国内该领域的研究热点之一。这是因为 $C_4A_3\bar{S}$ 矿物在 1350℃ 以上就开始分解，在大于 1400℃ 时快速分解；而 C_3S 则是在 1400℃ 左右形成，因此降低熟料的煅烧温度是解决这两种矿物质共存的关键所在。许多学者研究 CuO、ZnO、Li_2O、BaO 对硫铝酸盐水泥熟料生成及 $C_4A_3\bar{S}$ 矿物形成的影响，研究成果表明在一定的掺量范围内，这些氧化物可以降低 C_3S 的生成温度或者延缓 $C_4A_3\bar{S}$ 的分解温度，从而在更大温度范围内使两种矿物共存。

　　（2）物理性能、碱含量、碱度指标

　　国家标准 GB 20472—2006《硫铝酸盐水泥》中对快硬硫铝酸盐水泥、低碱度硫铝酸盐水泥、自应力硫铝酸盐水泥的比表面积、凝结时间、pH 值、自由膨胀率、碱含量等都做了规定，详情见表 3-4。

表 3-4　不同类型硫铝酸盐水泥的物理性能、碱含量、碱度指标

项　目		指标		
		快硬硫铝酸盐水泥	低碱度硫铝酸盐水泥	自应力硫铝酸盐水泥
比表面积（m²/kg） ≥		350	400	370
凝结时间/min	初凝≤	25		40
	终凝≤	180		240
碱度 pH 值 ≤		—	10.5	—
28d 自由膨胀率/%		—	0.00~0.15	—
自由膨胀率/%	7d≤	—	—	1.30
	28d≤	—	—	1.75
水泥中的碱含量（$Na_2O+0.658\times K_2O$） <				0.50*
28d 自应力增进率（MPa/d） ≤				0.010

　　注：* 代表用户要求时，可以变动。

（3）强度指标

快硬硫铝酸盐水泥各强度等级应不低于表 3-5 数值。

表 3-5　快硬硫铝酸盐水泥各强度等级指标

强度等级	抗压强度			抗折强度		
	1d	3d	28d	1d	3d	28d
42.5	30.0	42.5	45.0	6.0	6.5	7.0
52.5	40.0	52.5	55.0	6.5	7.0	7.5
62.5	50.0	62.5	65.0	7.0	7.5	8.0
72.5	55.0	72.5	75.0	7.5	8.0	8.5

低碱度快硬硫铝酸盐水泥各强度等级应不低于表 3-6 数据。

表 3-6　低碱度快硬硫铝酸盐水泥各强度等级指标　　　　　MPa

强度等级	抗压强度		抗折强度	
	1d	3d	1d	3d
32.5	30.0	42.5	3.5	5.0
42.5	40.0	52.5	4.0	5.5
52.5	50.0	62.5	4.5	6.0

自应力硫铝酸盐水泥所有自应力等级的水泥抗压强度 3d 不低于 32.5MPa，28d 不小于 42.5MPa。自应力硫铝酸盐水泥各级别各龄期自应力值应满足表 3-7 的要求。

表 3-7　自应力硫铝酸盐水泥各级别各龄期自应力值指标　　　　　MPa

级别	7d	28d	
	≥	≥	≤
3.0	2.0	3.0	4.0
3.5	2.5	3.5	4.5
4.0	3.0	4.0	5.0
4.5	3.5	4.5	5.5

3.4 硫铝酸盐水泥的水化及放热

（1）硫铝酸盐水泥的水化机理

早强、高强、膨胀和自应力硫铝酸盐水泥都是由含 $C_4A_3\bar{S}$ 和 C_2S 等矿物的熟料与石膏或者无水石膏混合而成，各品种在组分上的区别仅是石膏掺量的不同而已。低碱度硫铝酸盐水泥的组分除硫铝酸盐水泥熟料外，还掺入含 $CaCO_3$ 的石灰石。

因此，研究硫铝酸盐水泥的水化其实就是 $C_4A_3\bar{S}-C_2S-CaSO_4\cdot2H_2O-H_2O$ 四元系统或者 $C_4A_3\bar{S}-C_2S-CaSO_4\cdot2H_2O-CaCO_3-H_2O$ 五元系统内的化学反应。

硫铝酸钙和石膏与水接触后，迅速发生化学反应：

$$C_4A_3\bar{S}+2(CaSO_4\cdot2H_2O)+34H_2O\longrightarrow C_3A\cdot3CaSO_4\cdot32H_2O+2(Al_3O_2\cdot3H_2O)$$

在石膏含量充足的条件下，尤其是在 $Ca(OH)_2$ 溶液中，接着水化产物之间发生以下反应：

$$Al_2O_3\cdot3H_2O+3Ca(OH)_2+3(CaSO_4\cdot2H_2O)+20H_2O\rightarrow C_3A\cdot3CaSO_4\cdot32H_2O$$

当石膏逐渐被消耗完时，硫铝酸钙矿物可继续与水发生化学反应：

$$C_4A_3\bar{S}+18H_2O\longrightarrow C_3A\cdot CaSO_4\cdot12H_2O+2(Al_2O_3\cdot3H_2O)$$

硅酸二钙的水化速率较慢，因此它对硫铝酸钙水泥净浆、砂浆和混凝土的贡献主要在长期龄期性能上。硅酸二钙的水化方程描述如下：

$$2C_2S+4.3H\longrightarrow C_{1.7}SH_4+0.3H$$

$$\Delta H=-43kJ\cdot mol^{-1}$$

从上述反应式可以看出，普通硫铝酸盐水泥各品种的水化产物均为 $C_3A\cdot CaSO_4\cdot12H_2O(AFt)$、C-S-H 和 $Al_2O_3\cdot3H_2O$（胶凝），在石膏不足和反应达不到平衡的条件下，还有 $C_3A\cdot CaSO_4\cdot12H_2O(AFm)$ 生成。不同的石膏掺量会对硫铝酸钙水泥的水化产物产生影响，如图3-5所示。

（2）硫铝酸盐水泥的放热过程

① 第一阶段：溶解阶段

溶解阶段，硫铝酸盐水泥颗粒快速地从熟料矿物质中释放出来，硫铝酸钙水

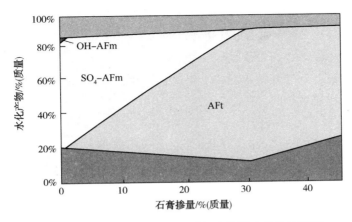

图 3-5　不同石膏掺量下硫铝酸钙水泥的水化物计算表

泥地早期水化发生在最初的 10min，紧接着是水泥的快速水化。据报道，硫铝酸钙（$C_4A_3\bar{S}$）和硅酸二钙晶体在这阶段扮演者很重要地角色。在新拌浆体中，当足够的水、$C_4A_3\bar{S}$ 和石膏同时存在时，AFt 快速地生成并很快成为最主要地水化产物。硫铝酸钙的水化公式如下所示：

$$C_4A_3\bar{S}+2C\bar{S}H_2+34H \longrightarrow C_6A\bar{S}_3H_{32}+2AH_3$$

$$C_4A_3\bar{S}+8C\bar{S}H_2+6CH+74H \longrightarrow 3C_6A\bar{S}_3H_{32}$$

随着水化的进行，AFt 晶体被逐渐消耗了很大部分自由水，之后快速生成的 AFt 可能与水泥未水化颗粒共同存在，进而使拌合物的阻抗模量略微提高。这一阶段被称为溶解阶段，如图 3-6 所示。

② 第二阶段：转换阶段

硫铝酸钙水泥自身具有转换半稳定性产物的能力。在转换阶段，很有可能发生 AFt 转换为 AFm 的过程。AFt 和 AFm 都是半稳定性产物，在特定的条件下可以互相转化。

$$C_6A\bar{S}_3H_{32} \longrightarrow C_4A\bar{S}_3H_{12}+2C\bar{S}H_2+16H$$

③ 第三阶段：自干燥阶段

研究表明，典型硫铝酸钙水泥完全水化所需的水灰比至少是 0.62，硫铝酸钙晶体和石膏完全水化所需的水灰比是 0.78。由于考虑到水泥浆的工作性能以及凝结时间，大部分的实验中所选用的水灰比低于 0.78，因此会经历自干燥阶段。在自干燥阶段，离子的迁移会减少，因此导致阻抗模量的提高。同时在这一阶段，更多的未水化的水泥颗粒持续地溶解到水泥浆体中,更多的硫酸根离子和钙离子会被释放到浆体中,AFt 也会继续生成。

④ 第四阶段:动态平衡阶段

在这一阶段,硫铝酸钙水泥的水化达到了动态平衡,离子的数量也会达到平衡,并且可以持续数小时。

⑤ 第五阶段:加速阶段

在动态平衡阶段之后,硫铝酸钙水泥的水化产物会加速生成,AFt、AFm 和氢氧化铝等水化产物大量生成。同时,在这一阶段,越来越多的未水化的水泥颗粒被消耗、参与水化反应。

放热过程如图 3-6 所示。

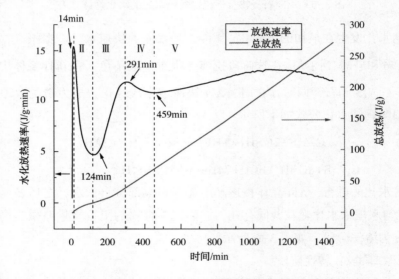

图 3-6　水灰比 0.7 的硫铝酸盐水泥净浆的放热过程[2]

(3)硫铝酸盐水泥的微观结构

未水化硫铝酸盐水泥中可以发现类似板状的硫铝酸钙晶体和凝聚在一起的小型 C_2S 晶体,由图 3-7 可知。随着水化的进行,水泥基中剩余硫铝酸钙晶体的数量在不断减少,且水化产物中主要包括 AFt 晶体和 AFm 晶体。在扫描电子显微镜的观察下,硫铝酸钙水泥石中可观察到各种形貌的 AFt 生成物,其中包括细针状、粗针状、管状和柱状。

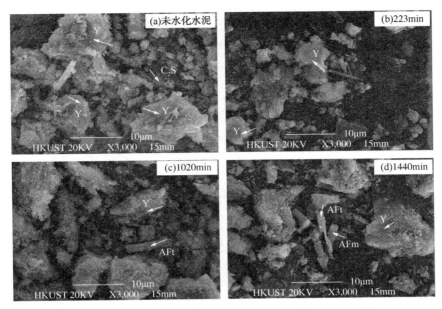

图 3-7　水灰比 0.7 的 CSA 水泥净浆的水化进程 SEM 图[2]

3.5　硫铝酸盐水泥的耐久性

（1）抗冻能力

由表 3-8 可知，通用硅酸盐水泥石在经过 270 次冻融循环之后就发生结构破坏，质量损失超过 40%。快硬硫铝酸盐水泥石在 270 次冻融循环后质量仅降低 3%，膨胀硫铝酸盐水泥石的抗冻能力跟快硬硫铝酸盐水泥的抗冻性能相类似，270 次冻融循环后水泥石的质量损失为 4.9%，抗冻性能远远优越于通用硅酸盐水泥。这得益于硫铝酸盐水泥石良好的孔隙结构，如图 3-8 所示。

表 3-8　通用硅酸盐水泥于硫铝酸盐水泥的抗冻性能对比表

品　　种	冻融循环次数						
	0	30	60	90	150	210	270
快硬硫铝酸盐水泥	100	99.7	100.7	99.6	99.6	99.7	97.0
膨胀硫铝酸盐水泥	100	98.7	99.0	98.7	99.9	99.4	95.1
通用硅酸盐水泥	100	93.7	84.7	88.7	72.3	59.9	坏

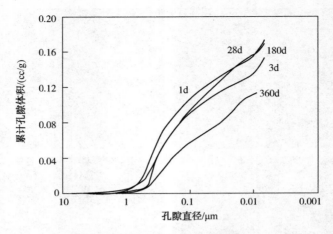

图 3-8 硫铝酸盐水泥石的孔隙结构

（2）耐腐蚀性

① 与钢筋的耐腐蚀性能

在传统钢筋混凝土中，引起钢筋锈蚀的外部因素主要是混凝土的碳化和氯离子的侵入。这是由于混凝硅酸盐土的孔溶液通常呈碱性（pH≈12.5），钢筋的表面会附着着一层薄的氧化物钝化膜，可以保护钢筋免受侵蚀。钝化膜只有在高碱化学环境下才能维持稳定（pH≥11.5）。但随着水化反应得进行，硅酸盐水泥孔溶液的 pH 值不断降低。CO_2 气体通过混凝土的毛细血管渗入，可使孔溶液的 pH 值降到 8.3 左右。当碳化深度到达钢筋表面时，钢筋则从钝性状态进入活性状态，腐蚀随即开始。当侵入钢筋表面的氯离子浓度超过临界值时，氯离子一方面与暴露的铁基体形成腐蚀电池，另一方面能破坏钢筋表面的钝化膜。

目前关于硫铝酸钙水泥在钢筋混凝土中的应用以及埋置钢筋的腐蚀状态的研究还不成熟，相关研究成果也存在较大争议。Glasser[3] 在文章中指出：经过 14 年的使用年限后，埋置在硫铝酸钙混凝土中的钢筋依然保持着良好的物理状态和钝性；这归因于硫铝酸钙水泥的自干燥性，确保钢筋周围含有较少的残余水分。杨蔚清[4] 的相关研究成果表明由硫铝酸钙水泥制成的混凝土在潮湿环境中经过 14 年的使用后，埋置钢筋未发生腐蚀现象。文章中指出硫铝酸钙水泥对钢筋的这种保护作用是由于该水泥自脱水反应完成的很快，这种干燥的内部环境阻止了阴阳级的腐蚀反应。然而，Kalogridis[5] 指出硫铝酸钙水泥孔溶液的低碱性使得埋置钢筋的腐蚀风险大大地提高。该实验中的半电池点位法测定结果表明硫铝酸钙混凝土比普通混凝土的电位低；暴露在浓度为 3.5%的 NaCl 溶液中的 13 个月内，普通混凝土的电位值维持在−100～−300mV 之间，而硫铝酸钙混凝土样品的电位值则处于−500～−600mV 范围内。Janotka[6]的一系列研究表明硫铝酸钙水泥制成的砂浆在经过 90d 的湿养护后，电位动态图显示钢筋表面的钝化膜已经被破坏。但是当在普通混凝土中掺入 15%的硫铝酸钙水泥时，钢筋依然保持着良好的钝性。

② 与硫酸盐的腐蚀性能

刘赞群[7]的研究结果证明硫铝酸盐水泥净浆试件半浸泡在硫酸盐溶液中，经过 4d 后，试件就发生了严重的层状破坏（如图 3-9 所示）。养护至第 7d 时，其破坏形态形貌如图 3-10 所示。具体来说，硫酸盐溶液中硫铝酸盐水泥净浆的破坏呈典型多孔材料盐结晶破坏，及水泥净浆由外及里呈现一层一层的破坏，最后在内部留下一内核，随着浸泡时间的延长，内核逐渐变小，层状净浆会越多。利用 XRD 分析方法，在破坏层状净浆内发现了硫酸钠晶体，是一种典型的盐结晶破坏方式。

图 3-9　浸泡在硫酸钠溶液中 4d 后硫铝酸盐水泥净浆的形貌

图 3-10　浸泡在硫酸钠溶液中 7d 后硫铝酸盐水泥净浆的形貌

（3）碳化性能

混凝土的抗碳化能力是钢筋混凝土中钢筋锈蚀的重要前提，钢筋不断地锈蚀促使混凝土保护层最终开裂，产生沿筋裂缝和剥落，进而导致黏结力下降，钢筋受力面积减小，混凝土结构耐久性和承载力降低等一系列不良后果。混凝土碳化的原因是大气中的 CO_2 不断地向混凝土内部渗透，并与混凝土中的氢氧化钙反应，生成弱碱性的碳酸钙，故使混凝土碱性降低，当碳化层发展到钢筋表面，使钢筋表面的高碱环境（pH 为 12.5～13.5）的 pH 值下降。当 pH 值下降到 11.5 以下时，钝化膜开始不稳定，当降到 9.0 左右时，钢筋钝化膜就遭到完全破坏。硫铝酸盐水泥基材料的碱度比普通硅酸盐水泥较低，因此，研究硫铝酸盐水泥基混凝土的碳化性能对于硫铝酸盐水泥基混凝土的推广应用具有重要意义。

硫铝酸盐水泥基混凝土的早期抗碳化能力高于普通硅酸盐水泥基混凝土的早期抗碳化能力，但其后期抗碳化能力低于普通硅酸盐水泥基混凝土的后期抗碳化能力。当加入适量的掺合料时，硫铝酸盐水泥基混凝土的早期和后期抗碳化能力都高于普通硅酸盐水泥基混凝土的早期和后期抗碳化能力。这是因为随着标准养护龄期的延长，水泥熟料矿物水化越充分，水化产物就越多，孔隙率越低，混凝土内部结构更加密实。因此，CO_2 气体向混凝土内部扩散的阻力增加，混凝土的抗碳化能力增强。

（4）硫铝酸盐水泥与增强材料的复合能力

玻璃纤维作为一种增韧材料，易在高碱环境中发生化学腐蚀，低碱度的硫铝酸盐胶凝体系是理想的玻璃纤维制品的胶结材料。玻璃纤维增强水泥（Glass fibre reinforced cement，简称 GRC）是一种高性能水泥基复合材料，具有材质轻、力学强度高、抗冻性好、耐火性好等特性。

如图 3-11 所示，研究表明在 50℃的加速老化试验中养护 140d，玻璃纤维硫铝酸盐混凝土的力学性能几乎未发生变化；养护 316d 时，构件的极限抗弯强度从 30MPa 小幅度地降低至 22MPa，并且纤维仍然可以高效地发挥桥连、增韧以及阻裂作用[8]。

许红升等[9]的研究表明玻璃纤维硫铝酸盐混凝土在 50℃的湿热蒸汽中养护 1a 后，试件的净抗弯荷载保留率仍有 95.2%，而且从 180d 到 360d 基本保持在一条水平线上，这说明纤维强度下降趋势已经稳定，这种水泥对纤维的侵蚀作用甚微。而相同养护条件下，玻璃纤维硅酸盐水泥试件在 50℃湿热蒸汽中养护 3d 后，其净抗弯荷载保留率下降到 7.6%，7d 后净抗弯荷载强度基本消失。如图 3-12 所示。

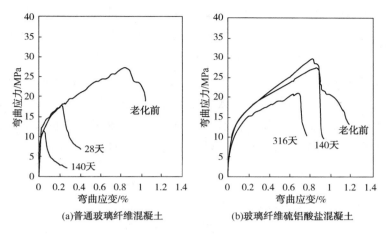

(a)普通玻璃纤维混凝土　　　(b)玻璃纤维硫铝酸盐混凝土

图 3-11　50℃养护下普通玻璃纤维混凝土和玻璃纤维硫铝酸盐
混凝土的应力-应变曲线

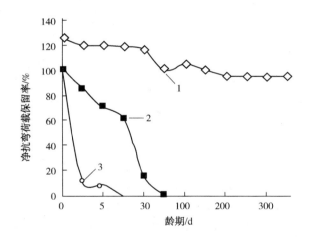

图 3-12　不同品种水泥与抗碱玻璃纤维匹配的制品抗弯荷载保留率变化
(1—抗碱玻璃纤维增韧低碱度硫铝酸钙水泥；2—抗碱玻璃纤维增韧硅酸盐水泥；
3—中碱玻璃纤维增韧硅酸盐水泥)

Song[10]研究了室温下玻璃纤维硫铝酸盐混凝土的应力应变关系和微观结构，如图 3-13 和图 3-14 所示。结果表明在 25℃养护 10a，玻璃纤维硫铝酸盐混凝土的应力提高了约 10%，最终应变仍可以达到约 0.6%，复合材料依然具有良好的韧性，玻璃纤维在力学劈裂过程中仍可以起到有效地增强作用，大幅度地降低开裂风险，材料整体呈延性破坏。相比之下，经过 10a 的常温养护，普通玻璃纤维混凝土变成典型的脆性材料，最终应变仅有0.1%。因此，硫铝酸钙水泥与玻璃纤维具有良好的复合能力，玻璃纤维可增强硫铝酸钙水泥石的韧性和强度。微观机理表明，玻璃纤维和硫铝酸钙水泥石的界面处孔隙率较高，只有少量水化产物附着，玻璃纤维仍然可以发挥桥连作用，当微裂纹传递到界面处时，玻璃纤维可以通过应力传递吸收一部分能量，从而降低裂纹扩散的概率。然而，普通混凝土与玻璃纤维的界面已经被水化产物附着，玻璃纤维、界面、普通水泥石已经形成一个紧密的整体，因此在抑制裂纹发展方面较弱，韧性降低，脆性增加。

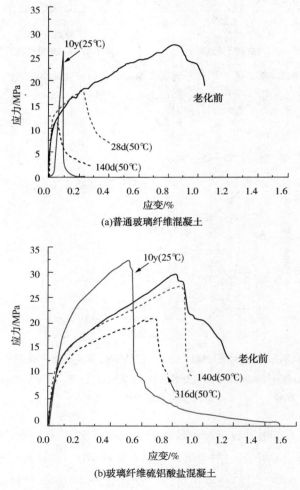

图3-13 室温下玻璃纤维混凝土的应力-应变关系

图 3-14 室温下玻璃纤维混凝土的微观结构

在实际工程应用中，若短切玻璃纤维的掺入比例太低则增强效果不明显；如果掺量过高不仅影响拌合物的和易性，还容易出现玻璃纤维发生结团、分散不均匀的现象，导致 GRC 制品在受力时部分区域发生应力集中。当选用玻璃纤维网格布作为增强材料时，由于网格布是柔性材料，成型过程中其在制品中的位置可能出现上下变动，导致 GRC 制品的实际强度大大偏离其设计强度，影响其在实际工程中的应用。采用三维玻璃纤维连体织物来对 GRC 制品进行改性研究，三维玻璃纤维连体织物采用经编、纬编和机织原理合为一体的编织工艺，编织所用的纤维是 ZrO_2 含量为 16.7% 的耐碱玻璃纤维，纤维的弹性模量为 72GPa，拉伸强度为 1700MPa。织物的上、下表层之间由连续纤维芯柱相接而成一体，呈空芯结构，如图 3-15 所示。三种纱线的不同空间分布，使三维连体织物整体呈现出各向异性的特征，三维连体织物的整体性、可设计性和中空等特性，使制成的复合材料能够适应各种性能要求。研究表明三维玻璃纤维连体织物增强水泥砂浆抗弯曲强度和抗冲击强度相比空白试件分别提高至 3 倍和 20 倍左右，同时破坏时应变明显增加。这是由于 GRC 试件破坏时三维连体织物玻璃纤维承受主要荷载，玻璃纤维的弹性模量远远高于水泥砂浆所致，同时三维玻璃纤维连体织物吸收大量的冲击能，大大提高试件的抗冲击强度和延性。三维玻璃纤维连体织物增强水泥试件经过 90d 的室外大气自然老化和 50℃ 热水加速老化后的力学强度保留率都在 90% 左右，故试件的耐老化性能优良。这是由于所用玻璃纤维中 ZrO_2 含量达 16.7%，属于耐碱玻璃纤维，经过长时间老化后三维玻璃纤维连体织物的整体性保持完好，增强效果仍能充分发挥。

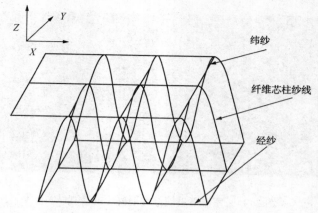

图 3-15　三维间隔连体织物的结构示意图

3.6　硫铝酸盐水泥基材料的改性研究

许多学者研究矿物掺合料的加入对硫铝酸盐水泥性能的影响，这不仅可降低水泥成本、促进废物利用，也可起到节能环保的效果，还可达到改善水泥后期性能，缓解水泥水化放热集中等目的。常见的矿物掺合料有以下几种：

（1）粉煤灰

粉煤灰的引入会导致硫铝酸盐水泥各龄期抗压强度的降低，当粉煤灰掺量在 0~30% 以内变化时，随粉煤灰掺量的增加，硫铝酸盐水泥抗压强度逐渐降低，其中，当粉煤灰掺量在 10%～20% 时，水泥 7d 抗压强度略有倒缩。粉煤灰的引入降低了硫铝酸盐水泥各龄期抗折强度，6h、3d、7d 抗折强度随掺量的增加逐渐降低，28d 抗折强度随粉煤灰掺量的增加，先增加后降低，当粉煤灰掺量为 10% 时，抗折强度最大，当粉煤灰掺量为 5% 时，其对硫铝酸盐水泥 6h 抗折强度基本无影响，但 7d 抗折强度出现了倒缩。如图 3-16 所示。

马保国等作者[11]选用了粉煤灰作为外加掺合料，通过引入增强组分 M，意在改善大掺量粉煤灰的硫铝酸盐水泥抗压强度低的问题。研究表明：引入增强组分后，与不加增强组分的大掺量粉煤灰的硫铝酸盐水泥相比，试块 2h、3d、7d、28d 最高抗压强度分别提高了 140%、116%、80% 和 60%。这是由于增强组分促使钙矾石快速大量生成，凝胶也有所增加，激发了粉煤灰火山灰活性，使结构体

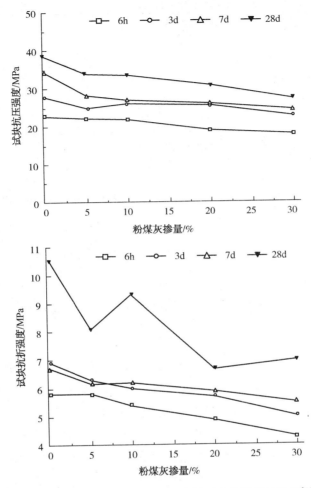

图 3-16　粉煤灰掺量对硫铝酸盐水泥石力学性能的影响[11]

系变得更致密，各龄期强度均提高。微观结构分析表明增强组分的引入，可能使得钙矾石的结晶度变差，当钙矾石积累至 7d 时，可能导致强度轻微倒缩，随养护继续进行，钙矾石结晶度逐渐变好，在 M 的激发下粉煤灰参与水化，体系结构变得更致密，试块后期强度变大。

　　粉煤灰的加入可有效抑制硫铝酸盐水泥的干缩，掺量越多，养护龄期越长，作用效果越显著。可以看到，在干养的前 7d，粉煤灰对体系的干缩变化基本无影响，当干养至 21d，粉煤灰对体系干缩的影响凸显出来，粉煤灰掺量越多，对硫铝酸盐水泥的干缩抑制越明显。当养护至 35d、60d 时，粉煤灰对体系的干缩抑制效果更显著,当粉煤灰掺量在5%~30%变化时,这种抑制效果与粉煤灰掺量的多少关联不大。如图3-17所示。

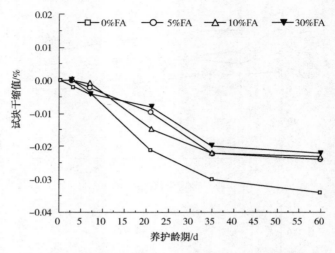

图3-17　粉煤灰掺量对硫铝酸盐水泥干缩性能的影响[11]

（2）硅灰

在20℃养护温度下,空白组和掺入硅灰的试样3d和28d抗压强度都随着硅灰的掺入而提高,可见硅灰的掺入有利于硬化水泥浆体抗压强度的发展;而5%硅灰掺量的硫铝酸盐水泥的抗压强度比10%掺量的高。表明适量的硅灰能发挥出良好的"填充效应",而掺量过高时,由于其比表面积大的特性,导致部分水泥熟料反应缓慢,甚至熟料表面被硅灰包裹,导致熟料接触不到水,发生反应缓慢,使得抗压强度变低。在35℃养护温度下,掺硅灰的硫铝酸盐水泥试样的抗压强度在各个龄期都要比空白试样高,这是由于温度的升高,一方面加速了硅灰的作用效应,同时硅灰的掺入加速了水化,使得掺硅灰的硫铝酸盐水泥的抗压强度比空白试样高;另一方面加速了水泥的水化,使各试样在各个龄期的抗压强度都要比20℃的高。50℃养护条件下,虽然各试样的抗压强度相比于20℃的高,但普遍低于35℃时的抗压强度,且空白组28d的抗压强度产生了倒缩,可能是由于高温下硫铝酸盐水泥的水化产物发生了分解。而掺5%和10%硅灰的试样28d抗压强度并没有发生倒缩,这是由于高温条件促进了硅灰的二次水化,促进了水化产物的生成,从而改善了硫铝酸盐水泥高温下强度倒缩的问题。如表3-9所示。

表 3-9　硅灰的掺入对硫铝酸盐水泥抗压强度的影响

编号	养护温度/℃	抗压强度/MPa		
		1d	3d	28d
空白	20	23.8	25.6	31.2
	35	24.5	26.5	34.1
	50	26.3	31.6	26.5
硅灰 5%	20	23.2	28.1	36.4
	35	28.7	29.5	44.1
	50	28.8	29.5	37.0
硅灰 10%	20	21.2	28.7	30.3
	35	27.2	28.1	38.2
	50	29.0	29.8	35.6

可知，不同硅灰掺量的硫铝酸盐水泥随养护龄期的延长，干缩值逐渐增大，最后趋于稳定，可以看出，硅灰的加入有效减少了硫铝酸盐水泥的干缩值，掺量越多，干缩值越小，养护龄期越长，对硫铝酸盐水泥干缩的抑制效果越显著。如图 3-18 所示。

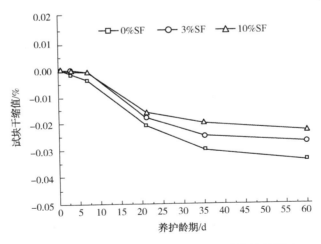

图 3-18　硅灰掺量对硫铝酸盐水泥干缩性能的影响

（3）矿粉

矿粉的加入降低了硫铝酸盐水泥的力学性能。如图 3-19 所示，随着矿粉掺量的增加，硫铝酸盐水泥抗压强度先增加再降低，就抗压强度而言，矿粉对硫铝酸盐水泥最佳掺量约为 10% 左右。加入矿粉后，硫铝酸盐水泥各龄期抗折强度均有所降低，当矿粉掺量在 0～30% 区间变化时，随矿粉掺量的不断增加，各龄期抗折强度变化规律不同，6h、3d 抗折强度随掺量增加缓慢降低，7d、28d 抗折强度随矿粉掺量增加，略有增加，变化幅度较小；当矿粉掺量在 5% 左右时，硫铝酸盐水泥的 7d 抗折强度出现了倒缩。

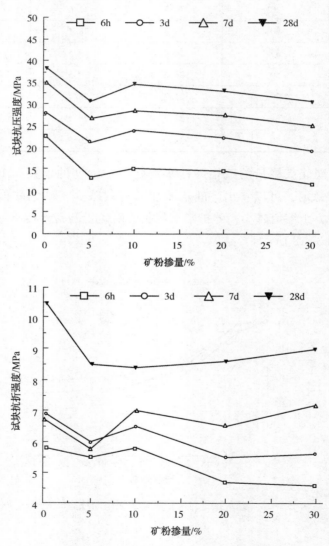

图 3-19　矿粉掺量对硫铝酸盐水泥力学性能的影响

由表 3-10 可知，20℃ 养护条件下，掺矿粉的硫铝酸盐水泥试样的抗压强度低于纯硫铝酸盐水泥试样，且随着矿粉掺量的增加，复合硫铝酸盐水泥的抗压强度越低，这一点与掺硅灰有着明显的不同。常温养护条件下，矿粉反应程度较低，等量替代水泥后，水泥水化产物含量减少，导致强度降低。养护温度升高后，掺或不掺矿粉的抗压强度相较于常温下有所增加，但在同一温度下掺矿粉的硫铝酸盐水泥的抗压强度还是要低于空白试样，说明温度的升高加速了水泥的水化，而温度的升高对于矿粉活性的发挥并没有表现出良好的宏观性能，如抗压强度的提高。35℃ 养护温度下的 3 组试样的抗压强度普遍要高于 20℃ 和 50℃，50℃ 时，空白组和 GS10 试样都显示出了不同程度的强度倒缩。同样由于高温引起了 AFt 的分解，虽然温度的升高能够提高水泥的水化速率，但同时也加快了水化产物形成致密的水化层，阻碍了后期水化进程，进一步使抗压强度发生倒缩。相比于硅灰来说，矿粉的活性和细度没有硅灰高，没有较好的填充效应，故矿粉的改善效果较硅灰要差一些。

表 3-10　矿粉的掺入对硫铝酸盐水泥抗压强度的影响

编号	养护温度/℃	抗压强度/MPa		
		1d	3d	28d
空白	20	23.8	25.6	31.2
	35	24.5	26.5	34.1
	50	26.3	31.6	26.5
矿粉 10%	20	16.9	23.6	29.1
	35	23.5	24.6	32.8
	50	23.2	27.6	26.8
矿粉 20%	20	17.0	19.9	26.1
	35	18.2	20.9	28.6
	50	21.3	24.0	28.5

对于不同掺量矿粉的硫铝酸盐水泥体系，随养护龄期的延长，不同组干缩值逐渐增大，最后趋于平缓；矿粉掺量越多，干缩曲线越平缓，也就是说，矿粉掺量越多，对硫铝酸盐水泥的干缩抑制效果越显著，当养护龄期较短时，矿粉对其干缩的影响较小，养护龄期越长，抑制效果越凸显，如图 3-20 可知，矿粉的加

入明显缓解了体系在21d、35d、60d的干缩变化，且掺量越多，效果越明显。

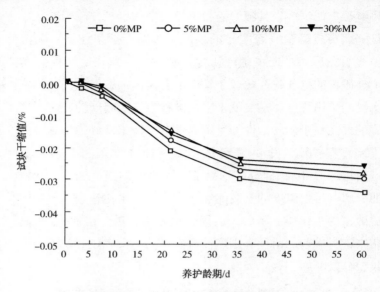

图3-20　矿粉掺量对硫铝酸盐水泥干缩性能的影响

综上所述，三种矿物掺合料对硫铝酸盐水泥抗折、抗压强度作用效果由好到坏依次为硅灰>矿粉>粉煤灰。加入粉煤灰与矿粉后，硫铝酸盐水泥各龄期抗折、抗压强度均降低，矿粉最佳掺量大约为10%，粉煤灰对硫铝酸盐水泥抗折强度的影响要好于抗压强度；当硅灰掺量不超过5%时，对抗压强度具有促进作用，超过该掺量后，对硫铝酸盐水泥抗压强度具有负作用。不同体系的硫铝酸盐水泥干缩值均随干养龄期的增加而增加，最后趋于平缓，三种矿物掺合料均对硫铝酸盐水泥的干缩均具有明显的抑制作用，干养龄期越长，抑制效果越明显，相对而言，粉煤灰与硅灰的作用效果要强于矿粉。

（4）速凝材料

当硫铝酸盐水泥用于快速修补、防水堵漏等工程中时，需掺入一定量的速凝材料，加速其凝结过程。韩建国等作者[12]研究碳酸锂对硫铝酸盐水泥凝结时间、水化进展和强度发展的影响规律，结果表明碳酸锂可大幅度加速硫铝酸盐水泥的凝结，显著缩短硫铝酸盐水泥的水化诱导期，提高其早期水化放热速率和水化放热量。当碳酸锂掺量为0.03%时，硫铝酸盐水泥的初凝时间可缩短至空白样的30%，终凝时间可缩短至空白样的28%。如图3-21所示。

马保国等作者[13]研究了甲酸钙[$Ca(HCOO)_2$]对硫铝酸盐水泥的凝结时间、

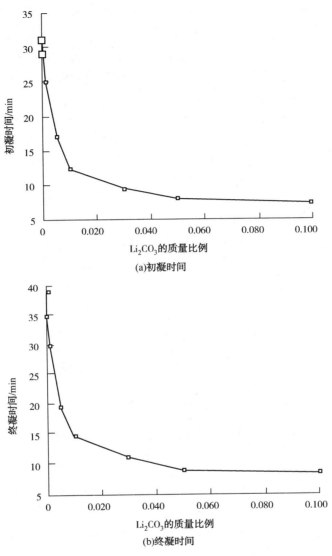

图 3-21　碳酸锂对硫铝酸盐水泥凝结时间的影响

水化历程和水化产物及微观形貌的影响。结果表明，甲酸钙可明显促进硫铝酸盐水泥的凝结，并缩短初凝和终凝时间间隔。当甲酸钙的掺量为 0.1％时，硫铝酸盐水泥的初凝和终凝时间从 37min 和 55min 分别缩短到 28min 和 44min，且随着甲酸钙掺量的增加，凝结时间缩短的幅度增大。

　　同时，研究表明甲酸钙可显著缩短硫铝酸盐水泥的水化诱导期，且使水化加速期提前，使第一水化热峰值提高32%，但对水化稳定期的水化放热速率无明显影响。微观分析表明Ca(HCOO)₂可提高硫铝酸盐水泥孔溶液的碱性，在早期提高了水化产物钙矾石(AFt)的结晶度，使得水化早期的水化产物结构致密，但并不改变水化稳定期的水化产物和微观形貌。Ca(HCOO)₂对凝结时间的影响如图3-22所示。

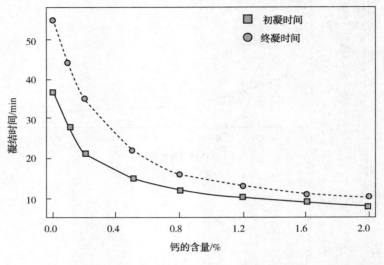

图3-22　Ca(HCOO)₂对凝结时间的影响

3.7　硫铝酸盐水泥在油井工程中的应用

程小伟等[14]研究矿渣对固井用硫铝酸钙水泥石力学性能的影响，结果表明矿渣掺量为5%时效果最好，可以有效抑制硫铝酸盐水泥后期强度的倒缩(如图3-23所示)。通过X射线衍射图谱分析，得出改性的机理为钙矾石反应被抑制，转而进行其他反应生成其他产物($C_2A_3S_9H_8$等)，钙矾石量减少，其引起的膨胀量减少，内应力减弱，解释了倒缩效应削弱的原因。孔隙度和渗透率分析，以及后面的SEM微观形貌分析都证明了，水泥石内部结构紧密，孔隙被生成的其他物质填补而减少，并在内部形成网状结构，使得后期强度发展稳定。微观机理表明出矿渣C微粉活性组分可参与水泥的水化反应，减少钙矾石生成，生成其他反应产物($C_2A_3S_9H_8$等)，因此孔隙度和渗透率都降低；矿渣C的非活性组分可以填补进水泥水化反应形成的孔穴中，形成颗粒级配，进一步降低孔隙度和渗透率。

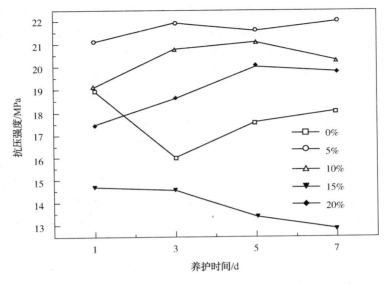

图 3-23　矿渣对硫铝酸钙水泥石抗压强度的影响规律

　　王成文[15]的研究表明硫铝酸钙水泥的早期水化产物主要为硫铝酸钙矿物熟料水化生成钙矾石 AFt，使固井水泥浆具有优异的低温早强、"直角稠化"、静胶凝强度"过渡时间"短和水泥石体积微膨胀的优点；后期产物主要为 C_3S、C_2S 水化生成水化硅酸钙凝胶 C_2SH_2 和 $Ca(OH)_2$，水化硅酸钙凝胶 C_2SH_2 填充在钙矾石 AFt 晶体间，使水泥石结构致密，促进水泥石强度持续增长。体系中主要水化产物 AFt、C_2SH_2 凝胶稳定保证了水泥石力学性能的长期稳定。

　　体积变化测试结果表明硫铝酸盐深水固井水泥石体积有轻微的膨胀，即使在 4℃下水泥石体积也无收缩，而 G 级原浆水泥石却发生较大的体积收缩现象，并且温度越低体积收缩现象越明显。证实 G 级油井水泥中掺入硫铝酸钙、石膏等矿物熟料，可改善 G 级油井水泥石体积严重收缩的缺陷，使水泥石具有微膨胀特性，有利于提高深水表层段松软地层固井水泥环的封隔能力。如表 3-11 所示。

表 3-11　不同养护温度下固井水泥石体积变化规律

水泥石样	水泥石体积变化率/%				
	4℃	10℃	20℃	30℃	40℃
硫铝酸盐固井水泥石	0.015	0.02	0.24	0.29	0.35
G 级原浆固井水泥石	−5.88	−5.10	−4.65	−4.82	−4.51

抗压强度测试结果表明硫铝酸盐固井水泥石和 G 级原浆固井水泥石的抗压强度都表现为连续增长，龄期为 1d、3d、7d、28d、40d 时，硫铝酸盐水泥石抗压强度比 G 级原浆水泥石分别提高了 39.2%、87.5%、74.7%、42.4%和 27.2%。结合上述，硫铝酸盐固井水泥石体积基本恒定，该深水固井水泥石具有与 G 级油井水泥石一样的长期稳定性。如表 3-12 所示。

表 3-12　4℃、常压养护下固井水泥石强度发展规律

水泥石样	抗压强度/MPa				
	1d	3d	7d	28d	40d
硫铝酸盐固井水泥石	19.32	31.05	37.74	52.63	56.87
G 级原浆固井水泥石	13.88	16.56	21.60	36.95	44.71

第 4 章

铝酸盐油井水泥

铝酸盐水泥主要用于紧急抢修工程、需要早期强度的特殊工程、冬季施工、处于海水或其他侵蚀介质作用的重要工程、耐热混凝土等。生产铝酸盐水泥的原料是石灰石和矾土，矾土原料中除了 Al_2O_3 有用成分外，也含有 SiO_2、Fe_2O_3、TiO_2、R_2O 等杂质，石灰石原料除了含 CaO 成分外，往往也含有 SiO_2 等杂质。现行国家标准 GB/T 201—2015 中将铝酸盐水泥按照 Al_2O_3 含量分为四个品种：

CA-50 铝酸盐水泥对应高铝水泥；

CA-60 铝酸盐水泥对应高铝水泥-65；

CA-70 铝酸盐水泥对应纯铝酸盐水泥；

CA-80 铝酸盐水泥对应纯铝酸盐水泥加 $\alpha-Al_2O_3$。

4.1　铝酸盐水泥的矿物组成

铝酸盐水泥的主要矿物有 CA、CA_2、$C_{12}A_7$。其中，CA 水化速率较快，有明显的初凝和终凝：初凝为 25min，终凝为 2h。CA_2 的水化速率很慢，凝结时间非常长。$C_{12}A_7$ 的水化速率最快，凝结迅速且伴有明显的初凝（3～5min）和终凝（15～30min）。

4.2　铝酸盐水泥的水化

（1）CA 的水化

CA 在常温下遇水后会迅速生成水化铝酸一钙（CAH_{10}），CAH_{10} 呈六方晶型结构，通常呈片状或针状。CAH_{10} 属于不稳定化合物，在潮湿和温度大于 20℃的条件下会发生分解，生成 C_2AH_8 和 $Al(OH)_3$ 凝胶。C_2AH_8 也属于不稳定化合物，在一定条件下会转化成 C_3AH_6 晶体和 $Al(OH)_3$ 凝胶。C_3AH_6 是一种稳定化合物，属等轴晶系，其晶体成立方晶形。

$$3CAH_{10} \longrightarrow C_3AH_6 + 4Al(OH)_3 + 18H_2O$$

摩尔质量/（g/mol）	1014	378
密度/（g/cm³）	1.72	2.52
摩尔体积/（cm³/mol）	590	150

58

$$\Delta V = \frac{150-590}{590} \times 100\% = -74.6\%$$

$$3C_2AH_8 \longrightarrow 2C_3AH_6 + 2Al(OH)_3 + 9H_2O$$

摩尔质量/(g/mol)	1074	756
密度/(g/cm³)	1.95	2.52
摩尔体积/(cm³/mol)	551	300

$$\Delta V = \frac{300-551}{551} \times 100\% = -45.6\%$$

由上式计算得出，CAH_{10} 转变成 C_3AH_6 后摩尔体积要减少 74.6%；C_2AH_8 转变成 C_3AH_6 后摩尔体积减少 45.6%。水泥石内化学物摩尔体积的减少必然会导致硬化体孔隙率的增加，最终引发了铝酸盐水泥石后期强度的倒缩。

（2）CA_2 的水化

CA_2 的水化反应与 CA 类似，均生成相同的晶体水化产物并发生相同的晶型转变，但 CA_2 的水化速率较慢，反应中析出的 $Al(OH)_3$ 凝胶数量较多。CA_2 的水化过程可以用下式表示。

（3）$C_{12}A_7$ 水化

$C_{12}A_7$ 遇水后会迅速发生反应，在低温下通常形成 CAH_{10}、C_2AH_8 和 $Ca(OH)_2$。室温条件下，$C_{12}A_7$ 的水化产物为 C_2AH_8、$Al(OH)_3$ 凝胶。当环境温度大于 20℃ 时，$C_{12}A_7$ 水化反应生产 C_3AH_6 和 $Al(OH)_3$ 凝胶。

4.3 铝酸盐水泥的性能

（1）强度发展规律

铝酸盐水泥虽具有较高的早期强度，但由于亚稳态、六方晶型的水化铝酸钙 CAH_{10}、C_2AH_8 和 C_4AH_{13} 高温下易转变为立方晶型的 C_3AH_6，使得硬化浆体孔隙率显著增大、抗压强度严重倒缩。因此，铝酸盐水泥被限制直接用于结构工程中，现多用于"调控"硅酸盐水泥的性能。如表 4-1、表 4-2 所示。

表 4-1 不同品种铝酸盐水泥不同龄期的抗压强度

类型	抗压强度/MPa				抗折强度/MPa			
	6h	1d	3d	28d	6h	1d	3d	28d
CA-50	20	40	50		3.0	5.5	6.5	
CA-60		20	45	85		2.5	5.0	10.0
CA-70		30	40			5.0	6.0	
CA-80		25	30			4.0	5.0	

表 4-2 不同养护条件下硅酸盐水泥和铝酸盐水泥抗压强度的发展规律

水泥品种	龄期/d	抗压强度/MPa	
		18℃水中	35℃水中
硅酸盐水泥	1	3.2	10.0
	3	11.3	16.9
	7	18.5	22.1
	28	28.6	28.9
	56	31.5	32.0
铝酸盐水泥	1	39.3	29.4
	3	50.5	35.2
	7	52.8	17.6
	28	58.7	14.7
	56	61.7	14.7

（2）耐火性能

目前铝酸盐水泥主要用作制造不定型耐火材料的胶结剂。在 800℃以下的受热过程中，胶结剂水化产物就行脱水。脱水过程用下列方程表示：

$$CAH_{10} \xrightarrow{\triangle} CA + 10H_2O \uparrow$$

$$C_2AH_8 \xrightarrow{\triangle} CA + CaO + 8H_2O \uparrow$$

$$2Al(OH)_3 \xrightarrow{\triangle} \alpha\text{-}Al_2O_3 + 3H_2O \uparrow$$

随着水化产物脱水，不定型耐火材料强度逐渐下降。当受热温度到 800℃以上时，脱水后的产物之间、产物与添加料之间，以及产物与骨料之间进行化学反应，其反应用下式表示：

$$CaO + \alpha\text{-}Al_2O_3 \xrightarrow{\triangle} CA$$

$$CA+\alpha\text{-}Al_2O_3 \xrightarrow{\triangle} CA_2$$

$$CA_2+4\alpha\text{-}Al_2O_3 \xrightarrow{\triangle} CA_6$$

需要指出的是，CA_6 在水泥熟料烧成过程中无法生成，但在不定型耐火材料受热过程中出现了，从而进一步提高耐火度。随着受热温度升高，不定型耐火材料的高温强度增加，耐火性不断提升，胶结剂中 Al_2O_3 含量越大，耐火材料的耐火度越高。铝酸盐水泥不定型耐火材料的受热反应使其具有良好的耐火特性。不同种类的铝酸盐水泥的适用温度如表 4-3 所示。

表 4-3　各品种铝酸盐水泥耐火浇筑料温度适用范围

铝酸盐水泥品种	适用温度/℃
CA-50	<1400
CA-60	1400~1600
CA-70、CA-80	>1600

（3）其他耐久性能

铝酸盐水泥具有早强高、耐高温、抗酸蚀能力强等诸多优点，但其水化产物晶相的转变使其后期抗压强度出现倒缩，极大地限制了其应用范围。马聪等[16]研究微硅、矿渣、粉煤灰、六偏磷酸钠及其复配对铝酸盐水泥抗压强度的影响。结果表明：10.0%六偏磷酸钠与 7.5%微硅复配掺合料对铝酸盐水泥各龄期抗压强度具有良好的增强作用，能大幅提高铝酸盐水泥早期抗压强度，同时解决了铝酸盐水泥中后期抗压强度倒缩问题。如表 4-4 所示。

表 4-4　矿物掺合料的掺入对铝酸盐水泥强度的影响

序号	掺入量/%			抗压强度/MPa				
	六偏磷酸钠	微硅	矿渣	1d	3d	7d	28d	50d
0	0	0	0	14.4	4.9	13.5	10.9	7.6
1	10.0	5.0	0	30.8	37.5	44.9	51.5	53.3
2	10.0	7.5	0	36.7	52.3	57.6	76.9	79.6
3	10.0	10.0	0	33.5	42.7	49.6	61.4	65.5
4	10.0	12.5	0	31.2	41.7	50.6	57.5	59.2
5	7.5	5.0	0	26.7	34.5	45.1		
6	7.5	7.5	0	28.5	35.5	46.7		
7	7.5	10.0	0	27.5	35.2	45.5		

序号	掺入量/%			抗压强度/MPa				
	六偏磷酸钠	微硅	矿渣	1d	3d	7d	28d	50d
8	12.5	5.0	0	26.5	29.5	34.8		
9	12.5	7.5	0	272	323	385		
10	10.0	0	5.0	325	505	529	开裂	
11	10.0	0	7.5	349	516	537	开裂	
12	10.0	0	10.0	361	546	Crack		
13	10.0	0	12.5	347	505	Crack		
14	10.0	12.5	5.0	378	556	Crack		
15	10.0	12.5	7.5	39.1	Crack			

4.4　铝酸盐水泥在油井工程中的应用

李早元等[17]研究粉煤灰材料对于改善铝酸盐水泥石耐高温特性的作用机理，研究结果表明，随着养护时间的增加，掺有一定量粉煤灰的铝酸盐水泥胶凝材料的抗压强度是有所提高的。与纯铝酸盐水泥进行对比，掺有30%粉煤灰的铝酸盐水泥胶凝材料水泥石的早期强度较高，水泥石早期力学性能相对比较稳定，如图4-1所示。

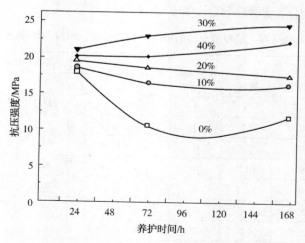

图4-1　粉煤灰掺量对铝酸盐水泥石早期强度的影响

由微观分析可知：粉煤灰组分 SiO_2 和铝酸盐水泥水化产物 C_3AH_6 发生反应，并生成 C_3ASH_4 等稳定相，使水泥石晶体结构排列致密，在高温下能够保持稳定，从而使得水泥石能够保持良好的力学性能，进而有利于保护套管和改善水泥环层间封隔性能，延长稠油热采井的生产寿命。如图 4-2、图 4-3 所示。

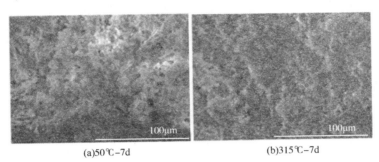

(a)50℃-7d   (b)315℃-7d

图 4-2　未加粉煤灰材料的水泥石试样在不同养护条件下的 SEM 图谱

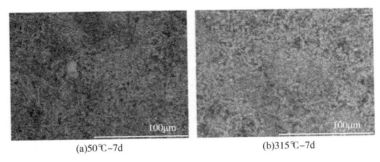

(a)50℃-7d   (b)315℃-7d

图 4-3　掺有 30%粉煤灰材料的水泥石试样在不同养护条件下的 SEM 图谱

第 5 章

纤维油井水泥

水泥石属于脆性材料，在固井作业中易受射孔、压裂等后续作业和地下岩层复杂作用力的影响，易产生微裂缝和微环隙，从而让固井水泥石层间封隔作用失效。国内外的研究表明纤维可以改善固井水泥石的力学性能。。对于纤维水泥的研究早在20世纪初就开始了，Romualdi. J P 和 Batson. G B 提出钢纤维混凝土开裂强度是由对拉伸应力起有效作用的钢纤维平均间距所决定的结论(纤维间距理论)，从而开始了这种新型复合材料的实用化开发研究阶段。在石油行业，前苏联、美国先后开始使用纤维水泥固井，并生产出防止射孔损伤的弹性水泥。我国从20世纪70年代开展此项研究，建立了多功能材料动态性能测试装置和固井综合试验装置，研制出以碳纤维和石棉纤维为主体的纤维水泥体系。目前固井工程中常用的纤维有碳纤维、聚丙烯纤维、聚酯纤维等，也有部分文献研究水镁石纤维、竹纤维、玄武岩纤维等在水泥石中的增韧机理。

5.1　碳纤维油井水泥石

碳纤维的主要成分是碳材料，表面光滑，具有相对惰性，与水泥、防窜剂和其他外加剂不发生化学反应，因此不会改变油井水泥浆的化学成分，与水泥浆具有良好的配伍性。同时，碳纤维具有高比强度、高比模量、耐高温、耐腐蚀、导电和热膨胀系数小等优异性能。

固井水泥石本身是一种"先天"带有大量微裂纹和缺陷的脆性材料，水泥石断裂过程就是微裂纹失稳、扩展和汇合造成的。碳纤维的长度远大于水泥颗粒直径，可有效地黏结水泥基材料。当水泥石内部微裂纹宽度小于纤维的间距时，纤维将跨越裂纹起到传递荷载的桥梁作用，使水泥石内部应力场更加连续和均匀，微裂纹尖端的应力集中得以钝化，裂纹的进一步扩展因此受到约束，从而增强水泥石强度和韧性。当作用于纤维上的剪切应力大于纤维与水泥石的胶结强度时，纤维会以拔出的形式消耗掉部分裂缝发展的能量。当裂缝扩展到纤维表面时，会被纤维阻挡，此时纤维会利用自身长度和灵活的变形能力承受外部荷载，并在机体裂缝相对的两边之间进行桥联，使得应力更多地集中到裂缝侧表面，避免在裂缝尖端形成集中应力，从而限制微裂缝的扩展。

在微裂纹发展过程中，如果微裂纹发展方向与碳纤维垂直，则碳纤维从水泥石中拔出并剥离。由于碳纤维与水泥基体的摩擦作用，裂纹进一步扩展的能量被消耗掉一部分。当微裂纹穿过碳纤维时，通过碳纤维在水泥石中的桥连作用，碳纤维能在尖端将裂纹进行桥连，进而组织微裂纹的发展。碳纤维增韧油井水泥石的增强增韧微观机理如图 5-1 所示。研究表明，碳纤维能显著提高水泥石的力学性能，当碳纤维的掺量为 0.3% 时，水泥石的 28d 抗压强度、抗折强度和劈裂抗拉强度较纯水泥石分别提高了 8.6%、31.5% 和 52.4%，弹性模量较纯水泥石降低了 49.5%。

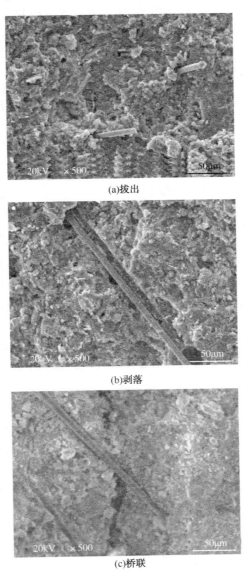

(a)拔出

(b)剥落

(c)桥联

图 5-1　碳纤维在水泥石中增强增韧的微观机理

5.2　水镁石纤维油井水泥石

水镁石纤维是一种天然无机纤维，具有良好的力学性能、分散性能和抗碱性能，并且与水泥浆具有良好的相容性。水镁石纤维对固井水泥石的增韧作用主要是通过纤维的拔出、桥联的形式使得微裂缝的能量耗散，降低裂缝尖端应力集中程度，延缓裂缝的产生和扩展，从而增强水泥石的力学性能。

李兴奎等[18]的研究表明，加入水镁石纤维后，水泥浆的失水量显著降低。当水镁石纤维掺量为1%和5%时，水泥浆的失水量最低。与纯水泥浆相比，水镁石纤维水泥浆的API失水量降低了45%～50%。

李明等[19]的研究表明，当水镁石纤维的掺量为5%时，28d时水镁石纤维水泥石的抗压、抗折、劈裂抗拉强度较空白试件分别提高了8.6%、31.5%和52.4%。但当水镁石纤维的掺量高于5%时，水泥石的抗折强度和劈裂抗拉强度随着纤维掺量的提高而降低，这是由于过高的纤维掺量使得纤维易在水泥浆中出现起团和缠结现象，从而影响水镁石纤维在固井水泥石中的增韧作用。研究还表明，随着水镁石纤维掺量的增加，水泥石的渗透率和孔隙度逐渐降低，具体参数如表5-1所示。微观机理表明水镁石纤维是亲水性良好的无机纤维，其在水泥浆中易于分散，可在水泥石中形成乱向分布的纤维网络，减少水泥石中孔和微裂纹的数量及尺寸，从而降低水泥石的渗透率和孔隙度。

表5-1　水镁石纤维水泥石的渗透率及孔隙度

水泥石试样	渗透率/mD	孔隙度/%
纯水泥石	0.2623	0.8252
纯水泥石+1%水镁石纤维	0.2066	0.7904
纯水泥石+3%水镁石纤维	0.2045	0.7912
纯水泥石+5%水镁石纤维	0.1981	0.7802

5.3　碳纳米管油井水泥石

碳纳米管是日本科学家在1991年发现的一种碳纳米晶体纤维材料，它被看成是由层状结构的石墨片卷成的无缝空心管。碳纳米管作为一维纳米材料，重量轻，六边形结构连接完美。碳纳米管具有许多异常的、十分优异的力学、电磁学和化学性能。在力学方面，碳纳米管的强度和韧性极高，弹性模量也极高（$E = 1 \sim 8$TPa），与金刚石的模量几乎相同，为已知的最高材料模量，约为钢的 5 倍；其弹性应变可达 5%，最高 12%，约为钢的 60 倍，而密度只有钢的几分之一。碳纳米管无论是强度还是韧性，都远远优于任何纤维。将碳纳米管作为复合材料增强体，预计可表现出良好的强度、弹性、抗疲劳性及各向同性。目前，碳纳米管已广泛用于增强聚合物、金属和陶瓷。

近年来，碳纳米管水泥基复合材料的研究逐渐兴起。Konsta 等研究了碳纳米管的浓度及长短对水泥基体力学性能和微观结构的影响，发现碳纳米管的掺入能够提高水泥石的抗压强度和抗裂能力。Chaipanich 等采用碳纳米管改善粉煤灰复合水泥材料体系的强度，降低了体系的孔隙率。Morsy 等的实验结果显示，掺水泥质量 0.02% 的多壁碳纳米管可提高强度 29%，但掺量提高到 0.1% 时反而使强度降低。研究表明，碳纳米管的掺入，对水泥浆的流变性、API 失水量、稠化时间影响较小。低掺量的碳纳米管和水泥石具有良好的胶结且分散度较高，随着碳纳米管掺量的增加，碳纳米管会出现团聚现象，进而影响水泥石的强度。

刘慧婷[20]研究不同碳纳米管掺量对油井水泥石抗压强度和抗折强度的影响规律（如表 5-2 所示），并通过微观结构分析进行了解释。研究表明当碳纳米管掺量小于 0.025% 时，碳纳米管复合水泥石的抗压强度和抗折强度变化不明显；当碳纳米管掺量为 0.05% 时，碳纳米管复合水泥石的 1d 和 3d 抗压强度分别提高 18.8% 和 20%，1d 和 3d 抗折强度分别提高 25.7% 和 27.8%；当掺量为 0.1% 时，水泥石的 1d 和 3d 抗压强度分别提高 21.1% 和 23.1%，1d 和 3d 抗折强度分别提高 37.1% 和 37%；当碳纳米管掺量达到 0.2% 时，水泥石的抗压强度和抗折强度增大不明显，基本趋于不变。

表 5-2　碳纳米管复合水泥石的抗压强度和抗折强度

水泥/g	水/g	分散剂/g	CNT/g	抗压强度/(1d, MPa)	抗压强度/(3d, MPa)	抗折强度/(1d, MPa)	抗折强度/(3d, MPa)
800	352	0	0	13.3	26.4	3.5	5.4
800	352	0.3	0.1	13.5	26.4	3.6	5.6
800	352	0.6	0.2	14.1	27.2	3.9	6.0
800	352	1.2	0.4	15.8	31.7	4.4	6.9

水泥/g	水/g	分散剂/g	CNT/g	抗压强度/(1d, MPa)	抗压强度/(3d, MPa)	抗折强度/(1d, MPa)	抗折强度/(3d, MPa)
800	352	2.4	0.8	16.1	32.5	4.8	7.4
800	352	4.8	1.6	16.1	32.7	4.9	7.4

微观结构分析表明纯油井水泥石结构疏松，孔隙率较高。在未加分散剂的碳纳米管复合水泥石中，可明显观察到部分碳纳米管团聚和缠绕在一起，在水泥石中几乎没有分散开。图5-2(c)为添加了分散剂的碳纳米管复合水泥石，在表面能观察到碳纳米管的末端、凸起段，且在整个浆体中分布较均匀，碳纳米管在水泥石中分散效果较好。碳纳米管形成纵横交错的网填入到水泥石的孔隙中，形成纤维联桥，这是碳纳米管增强增韧的重要机理，也是碳纳米管复合水泥石抗压强度和抗折强度大幅度提高的重要原因。

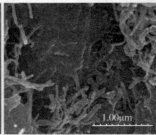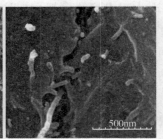

(a)纯水泥浆 　　　　(b)水泥浆+0.05%碳纳米管 　　　　(c)水泥浆+0.05%碳纳米管+0.15%

图5-2　1d水泥石的SEM图

5.4　胶乳增韧油井水泥

胶乳水泥可降低水泥石的弹性模量，提高水泥石胶结强度，由于其具有不渗透性和成膜性，所以能起到很好的防气窜效果。胶乳水泥基体系具有失水量低、耐高温、直角稠化、过渡时间短等优异性能。胶乳水泥体系中的胶乳乳液是有机高分子聚合物乳化分散体系，其与水泥作用机理很复杂。胶乳是一种乳液聚合物，多数胶乳悬浮液含有约50%的固相，悬浮颗粒的直径一般为 $0.05\sim0.5\mu m$。

胶乳粉在水中可以再次分散形成稳定的分散液体，并具有原来聚合物乳液性能的胶乳粉颗粒。胶乳与水泥混合过程中，胶乳聚合物破乳絮凝产生胶乳颗粒并与水泥水化产物相互结合，在已发生水化的水泥相和未水化的水泥颗粒间形成空间立体网状结构，水泥石中的自身缺陷和微裂纹通过这些丝状膜层胶结在一起相互穿梭连接，能降低水泥石的应力集中，不仅能提高水泥石的形变能力与耐腐蚀性，还可以改善水泥石的抗裂、抗渗及抗冲击性能。胶乳在水泥浆中的作用过程通常可分 3 步：

（1）聚合物胶乳与水泥混合后形成胶乳水泥浆，胶乳聚合物颗粒均匀地分散于水泥浆中。随着水化作用的进行，水化物与饱和 $Ca(OH)_2$ 会在水化硅酸盐表面发生反应，形成一层硅酸钙涂层。

（2）聚合物胶乳颗粒与水泥胶凝体单元结构间的自由水，通常被限制在毛细管孔隙中。但是，随着水泥水化的进行，毛细管孔隙中自由水将逐渐减少。这样，聚合物胶乳颗粒均匀破乳后，会形成一层连续的单元封闭式的聚合物胶乳颗粒层，而该聚合物层将在未水化水泥颗粒混合物表面富集，并与硅酸盐混合物涂层表面相粘接。在上述情况下，混合物中大孔隙所吸附或自动进入聚合物胶乳颗粒中的基团将与水泥水化中产生的 Ca^{2+}，在 $Ca(OH)_2$ 固体颗粒或硅酸盐表面发生反应，从而改变了胶乳水泥装性能。

（3）随水化的进行，水泥浆中的胶乳颗粒絮凝，在水泥水化物表面均匀破乳形成一层连续薄膜。这层薄膜覆盖水泥水化物的单元网络结构并与之相互"铰"结，粘接成为一个坚固的整体。这些聚合物丝状膜层横跨在水泥奖硬化体的缺陷和微裂缝处并穿梭连接，分散了水泥浆的应力集中，又使其变形性得到增加，从而使聚合物胶乳水泥石的抗裂、抗渗、耐酸碱及耐腐蚀等性能得到提高。

胶乳水泥在 1958 年首次被用于油气井固井工程中，现场应用表明胶乳能有效改善水泥石的韧性。胶乳固井水泥浆体系目前已经在国内吉林油田、华北油田、胜利油田、大庆油田、普光气田等得到成功应用。Ukrainczyk 等[21]在铝酸钙水泥中加入 SBR 胶乳，养护 7d 的测试结果表明，该胶乳的加入使水泥石的抗压与抗折强度分别提高了 34% 和 29%。Jiao 等[22]利用阴离子反应合成了无皂乳液，能够改善油井水泥的韧性，抗压和渗透率。邱海霞等[23]使用乳化剂 AMPS 制备了 0WCL-1 胶乳，可以提高水泥石的抗折强度和抗压强度分别 225%、23%。陈大钧等[24]合成了一种无皂乳液 JAS。在水泥石中加入该后，水泥石的抗压强度和胶结强度较空白水泥浆分别提高 26.9%、61.1%。雷鑫宇等[25]在实验室合成了一种新型丙苯胶乳 LB-1。实验结果表明 LB-1 胶乳水泥能有效减少水泥浆体积收缩，提高胶结强度高达 30%。胶乳的缺点表现在胶乳水泥浆易存在分散不稳定性，易起泡，耐温性不好等问题，导致胶乳聚集增稠现象；随着温度升高，会导致胶乳聚集破乳，水泥浆闪凝。地层盐水层盐溶液的存在会使胶乳双电层的 zata 电位降低，使胶乳的稳定性遭到破坏，导致胶乳絮凝，当盐溶度过高时，水泥石会出现收缩、胶乳外渗现象。

可再分散型乳胶粉由特制聚合物乳液经过喷雾干燥加工而成，可赋予水泥基材料较好的柔韧性。程小伟、杨元意[26]的研究表明在水泥石中加入 4%的可再分散胶乳粉，能提高水泥石抗压强度，降低孔隙率，改善水泥石胶结强度。李伟等[27]将丁苯橡胶粉和可再分散胶乳粉以 2:1 的质量比混合成一种页岩气水平井固井胶乳增韧防窜剂，其 24h 抗压强度可达 30MPa。高云文等[28]开发了以 4%增韧材料 DRE-100S 和 2%乳胶粉 DRT-100S 为主剂的韧性水泥浆体系，其 24h 抗压强度为 22.9MPa，弹性模量相比空白试样降低 30%。可再分散型乳胶粉的缺点在于其生产过程中加入了大量的表面活性剂等物质，在高加量下会在水泥浆中产生较多的孔隙和气泡。

第 6 章

特种硅酸盐水泥

6.1 硅酸盐水泥化学理论

硅酸盐水泥熟料的主要矿物组成及其含量范围如下：

熟料矿物	简写	含量
硅酸三钙 $3CaO \cdot SiO_2$	C_3S	42%~61%
硅酸二钙 $2CaO \cdot SiO_2$	C_2S	15%~32%
铝酸三钙 $3CaO \cdot Al_2O_3$	C_3A	4%~11%
铁铝酸四钙 $4CaO \cdot Al_2O_3 \cdot Fe_2O_3$	C_4AF	10%~18%

硅酸盐水泥熟料的主要矿物成分的性能如表 6-1 所示。

表 6-1　硅酸盐水泥主要矿物成分的性能

矿物名称	性　能		
	凝结硬化速度	水化放热量	强度
硅酸三钙	快	大	高
硅酸二钙	慢	小	早期低、后期高
铝酸三钙	最快	最大	最低
铁铝酸四钙	快	中	中

由上表可看出，不同熟料矿物与水作用时所表现的性能是不同的，因此，通过改变水泥熟料中各矿物组分的相对含量，可以达到调整水泥技术性能的目的。例如提高硅酸三钙的含量，可制得快硬高强硅酸盐水泥；通过降低铝酸三钙和硅酸三钙的含量，同时提高硅酸二钙的含量，可制得水化热低的低热硅酸盐水泥。

6.2 特种硅酸盐水泥分类

根据国家标准规定，中低热硅酸盐水泥有三个品种，即中热硅酸盐水泥（简称中热水泥），低热硅酸盐水泥（简称低热水泥）和低热矿渣硅酸盐水泥（简称矿渣低热水泥，水泥中含有粒化高炉矿渣 20%~60%）。中低热硅酸盐水泥的强度等级和各龄期强度见表 6-2。中热水泥、低热水泥和低热矿渣水泥的初凝不得早于 60min，终凝不得超过 12h。中热硅酸盐水泥主要适用于大坝溢流面的面层和水位变动区等要求较高的耐磨性和抗冻性工程；低热水泥和低热矿渣水泥主要适用于大坝或大体积建筑物内部及水下工程。低热微膨胀水泥是我国研制成的用于大坝工程的另一种低热水泥，它是由粒化高炉矿渣，硅酸盐水泥熟料和石膏共同粉磨组成。中低热硅酸盐水泥的强度等级和各龄期水化热见表 6-3。净浆线膨胀为 0.2%~0.3% 左右，7d 水化热小于 167kJ/kg，其主要水化物为钙矾石和水化硅酸钙凝胶。该水泥主要用于大坝工程。

表 6-2　中低热硅酸盐水泥的强度等级和各龄期强度

品种	强度等级	抗压强度/MPa			抗折强度/MPa		
		3d	7d	28d	3d	7d	28d
中热水泥	42.5	12.0	22.0	42.5	3.0	4.5	6.5
低热水泥	42.5	—	13.0	42.5	—	3.5	6.5
低热矿渣水泥	32.5	—	12.0	32.5	—	3.0	5.5

表 6-3　中低热硅酸盐水泥强度等级的各龄期水化热

品　　种	强度等级	水化热/（kJ/kg）	
		3d	7d
中热水泥	42.5	251	293
低热水泥	42.5	230	260
低热矿渣水泥	32.5	197	230

6.2.1　中热硅酸盐水泥

常用的大坝水泥的一种，简称中热水泥，是指由适当成分的硅酸盐水泥熟料加入适量石膏，经磨细制成的具有中等水化热的水硬性胶凝材料。强度等级为 42.5 等级，是根据其 3d 和 7d 的水化放热水平和 28d 强度来确定的。中热水泥在水工水泥中的比例约为 30%，是我国目前用量最大的特种水泥之一，目前是三峡工程水工混凝土的主要胶凝材料。中热水泥具有水化热低，抗硫酸盐性能强，干缩低，耐磨性能好等优点。按照 GB 200—2003 的要求，中热硅酸盐水泥的技术要求包括：

（1）中热硅酸盐水泥熟料中，C_3S 含量应不超过 55%，C_3A 含量应不超过 6%，游离 CaO 含量应不超过 1%。

（2）MgO 含量不宜大于 5.0%，如果水泥经蒸压安定性试验合格，则 MgO 含量允许放宽到 6.0%。

（3）中热硅酸盐水泥碱含量由供需双方商定。当水泥在混凝土中和骨料可能发生有害反应并经用户提出低碱要求时，水泥中碱含量应不超过 0.60%，碱含量按 $Na_2O+0.658K_2O$ 计算值表示。

（4）中热硅酸盐水泥中 SO_3 应不大于 3.5%，烧失量应不大于 3.0%。

（5）初凝应不早于 60min，终凝应不迟于 12h。

（6）安定性用沸煮法检验应合格。

（7）中热硅酸盐水泥强度等级为 42.5。

（8）中热硅酸盐水泥水化各龄期的抗压强度和抗折强度应不低于表 6-4 所列数值。

表 6-4　中热硅酸盐水泥水化各龄期的抗压强度和抗折强度范围

中热水逆	抗压强度/MPa			抗折强度/MPa		
	3d	7d	28d	3d	7d	28d
强度	12.0	22.0	42.5	3.0	4.5	6.5

（9）中热硅酸盐水泥的水化热允许采用直接法或溶解法进行检验，各龄期水化热应不大于下列数值：

$$3d \leqslant 251kJ/kg;\quad 7d \leqslant 293kJ/kg$$

中热硅酸盐水泥熟料矿物组成的波动范围见表 6-5。

表 6-5　中热硅酸盐水泥熟料矿物组成所在范围　　　%（质量）

矿物	中热水泥熟料组成	通用硅酸盐水泥熟料组成
C_2S	50~55	37.5~60
C_3S	20~25	15~37.5
C_3A	3~6	7~15
C_4AF	13~16	10~18

6.2.2　低热硅酸盐水泥

在硅酸盐水泥熟料中加入适量石膏，磨细制成的具有低水化热的水硬性胶凝材料，称为低热硅酸盐水泥。现行标准 GB 200—2003 对低热硅酸盐水泥的技术要求：

（1）强度等级为 32.5 等级。按照 GB 200—2003 的要求，中热硅酸盐水泥熟料中，C_3S 含量应不超过 40%，C_3A 含量应不超过 6%，游离氧化钙含量应不超过 1%。

（2）低热硅酸盐水泥中 MgO 含量、碱含量、SO_3 含量、烧失量、比表面积、凝结时间和安定性等规定指标，中热硅酸盐的要求一致。

（3）低热硅酸盐水泥的强度等级为 42.5，各龄期的抗压强度和抗折强度指标应不低于表 6-6 中数值。

表 6-6　低热硅酸盐水泥各龄期的抗压强度和抗折强度范围

低热水泥	抗压强度/MPa			抗折强度/MPa		
	3d	7d	28d	3d	7d	28d
强度	—	13.0	42.5	—	3.5	6.5

（4）低热硅酸盐水泥水化热允许采用直接发或溶解法进行检验，各龄期水化热不大于下列数值：

$$3d \leqslant 230kJ/kg；7d \leqslant 260kJ/kg；28d \leqslant 310kJ/kg$$

低热硅酸盐水泥熟料矿物组成的波动范围见表 6-7。

表 6-7　低热硅酸盐水泥熟料的矿物组成　　　　　　%（质量）

矿　　物	低热水泥熟料组成	通用硅酸盐水泥熟料组成
C_2S	51.5~52.4	37.5~60
C_3S	25.1~25.8	15~37.5
C_3A	2.7~3.0	7~15
C_4AF	20.7~18.8	10~18

6.2.3　低热微膨胀水泥

（1）水泥强度等级为 32.5 级；熟料中游离氧化钙不得超过 1.5%，MgO 不得超过 6.0%。

（2）水泥中 SO_3 含量应为 4.0%~7.0%。

（3）水泥比表面积不得小于 300m²/kg。

（4）初凝不得早于 45min，终凝不得迟于 12h。

（5）用沸煮法检验安定性必须合格。

（6）水泥各龄期强度应不低于下列数值（表6-8）。

表6-8　低热微膨胀水泥各龄期抗压强度和抗折强度

强度等级	抗压强度/MPa		抗折强度/MPa	
	7d	28d	7d	28d
32.5	18.0	32.5	5.0	7.0

（7）水泥各龄期水化热应不大于表6-9数值。

表6-9　低热微膨胀水泥各龄期水化热

强度等级	水化热/（kJ/kg）	
	3d	7d
32.5	185	220

（8）线膨胀率应符合表6-10要求。

表6-10　低热微膨胀水泥的线膨胀率

	1d	7d	28d
线膨胀率/%	≥0.05	≥0.10	≤0.60

6.3　白色硅酸盐水泥

　　白色硅酸盐水泥（简称白水泥）是装饰用的特种水泥。它与硅酸盐水泥的主要区别在于氧化铁含量少，因而呈白色。一般硅酸盐水泥呈暗灰色，主要是由于水泥中存在氧化铁（Fe_2O_3）等成分。当氧化铁含量处于0.45%～0.7%时，水泥熟料呈暗灰色；当氧化铁含量在3.0%～4.0%范围时，水泥熟料呈淡绿色，当氧化铁含量降低至0.35%～0.4%时，水泥熟料略带淡绿，接近白色。因此，白色硅酸盐水泥的生产特点主要是降低氧化铁的含量。此外，对其他着色氧化物（如氧化锰、氧化铬和氧化钛等）的含量也要加以限制。白色硅酸盐水泥是由较纯净的高岭土、纯石英砂、纯石灰岩等原料在1500～1600℃下经煅烧而制成的。

　　根据《白色硅酸盐水泥》（GB 2015—2017），白色硅酸盐水泥的标号分为325、425、525及625四种。细度、初凝时间与安定性的要求与硅酸盐水泥的一致，终凝时间不得迟于 12h。此外，白色硅酸盐水泥还有白度要求，其白度通常用与纯净氧化镁标准板的反射率的比值(%)来表示，且白度指标要求在 75%以上。

技术要求：

（1）氧化镁熟料中氧化镁的含量不得超过 4.5%。

（2）三氧化硫水泥中三氧化硫的含量不得超过 3.5%。

（3）细度 0.080mm 方孔筛筛余不得超过 10%。

（4）凝结时间初凝不得早于 45min，终凝不得迟于 12h。

（5）安定性用沸煮法检验必须合格。

（6）强度各标号各龄期强度不得低于表 6-11 的数值。

表 6-11　白色硅酸盐水泥各强度等级的抗压强度和抗折强度

标号	抗压强度/MPa			抗折强度/MPa		
	3d	7d	28d	3d	7d	28d
325	14.0	20.5	32.5	2.5	3.5	5.5
425	18.0	26.5	42.5	3.5	4.5	6.5
525	23.0	33.5	52.5	4.0	5.5	7.0
625	28.0	42.0	62.5	5.0	6.0	8.0

（7）白色硅酸盐水泥按照水泥白度可分为特级、一级、二级、三级，各等级白度不得低于表 6-12 数值。

表 6-12　白色硅酸盐水泥的白度等级

等级	特级	一级	二级	三级
白度/%	86	84	80	75

第 7 章

常见的固井水泥浆体系

7.1 低密度水泥浆体系

油田勘探步伐的不断加大，带动了石油钻探技术的不断提高，同时也为油气井固井提出了更多更新的难题，特别随着复杂井、长封固井段、易漏失井的不断增加，常规的水泥浆体系已经不能满足其固井要求，突出表现在水泥浆体系密度过高、失水量偏大、体系早期强度太低、稠化时间过长等。原浆和一般水泥浆体系都具有失水量大、密度高、低温下强度发展慢的缺点，对低压易漏层和常封固段地层极易造成伤害，使污染油层产能，影响勘探开发总效益。

解决油井漏失与长封固段问题有两种方法：一种是采用分级注水泥技术；另一种是采用低密度水泥浆。前者需要延长钻机作业时间和建井周期，由此造成探井成本居高不下，故目前现场多采用后者。低密度水泥的开发应用对保护油气层和提高固井质量具有重要的意义。大量的实践证明该技术可有效地保护油气储集层、提高单井产能，对于解决低压层、易漏失层和长封固段等固井复杂问题具有显著的优势。经过多年的发展，已有多种综合性能较好、易于实现的水泥体系被推广应用，取得了很好的经济效益。但是现有低密度水泥的固有缺陷对其进一步发展有限制，即随着大量密度减轻材料的加入，水泥浆的均匀性降低、水化反应的进程受到影响，造成浆体性能变差，尤其是水泥石强度大幅降低，有时难以满足封固地层的要求，且水泥浆的密度降得越低，该矛盾就越突出，因此寻求"低密度"与"高性能"之间的平衡是目前低密度水泥体系发展的重要方向。

目前低密度水泥浆通常应用在以下几种情况：①在低压易漏层进行固井作业时，防止压漏和伤害地层；②在长封固段固井作业，使用低密度水泥浆避免了使用双级或多级固井作业，简化作业程序，缩短了钻井时间，达到水泥浆一次上返的目的，大大节约了成本；③在某些非目的层作为填充浆使用；④用于欠平衡钻井的固井作业。

目前高性能低密度水泥体系的开发主要是以矿渣、微硅或粉煤灰为主要添加材料，另外附加微珠、漂珠等减轻剂，还有早强剂、降失水剂、减阻剂等外加剂。结合油田低压易漏地层的具体地质条件，选择合适的材料和外加剂，进行粒级筛选和材料配比优选，在满足水泥浆密度要求的同时提高水泥石强度，以达到提高低压易漏地层固井质量的目的。下面对国内各油田针对与不同地层条件下高性能低密水泥应用情况进行综述。

（1）高炉矿渣复合低密度水泥

矿渣低密度水泥浆是利用优选磨细的高炉水淬矿渣，和适量的高效激活剂、油井水泥混合而制得的密度为 $1.45 \sim 1.75\text{g/cm}^3$ 的矿渣浆体。矿渣水泥浆一般采用激活剂和早强剂作为其基本组分，通过试验调整早强剂的加量能获得强度更高的矿渣浆，在超低密度矿渣浆中更是如此。矿渣低密度水泥浆具有流动性好、强度高、低失水、微膨胀等优点。在超低密度高炉矿渣固井技术与胶乳结晶膨胀理论的技术相结合或采用可交联性和具有水溶性聚合物单体作为矿渣浆的配浆水，可望获得更高强度的超低密度矿渣石。在超低密度矿渣浆中掺入火山灰或硅藻土代替黏土，可望获得适用于固井的更低密度的矿渣浆。

（2）漂珠微硅复合低密度水泥的应用

漂珠属于薄壁的空心玻璃微珠，是火电厂烟筒中的尘灰，通过水中收集漂在水面的煤灰，烘干后作为减轻剂加入水中配置低密度水泥浆。漂珠的粒度较细，平均粒径 $150 \sim 250\mu\text{m}$。漂珠具有质轻、绝热、耐酸碱、无毒、不燃烧等特点，相比其他减轻剂材料，漂珠具有较高的抗压强度。如与水泥混合，可制得轻质水泥浆。由于漂珠壁面对水具有渗透作用，因而多用于中低温井或低压井固井。

微硅，也被称为超细硅粉，是铁合金生产过程中分离出来的一种副产品，也可从球磨石英砂、火力发电厂烟道粉尘、硅铁合金生产过程中得到。其化学成分主要是 SiO_2，硅灰的密度约为 2.6g/cm^3，粒度很细，平均粒径 $70\mu\text{m}$。微硅水泥浆体系具有良好的体积稳定性、抗气窜性能等优点，但微硅降低水泥浆密度的范围较小，并且微硅与水泥浆混合时需要大量的水进行润湿，水灰比增大，进而影响水泥石的强度发展。

漂珠微硅复合低密度水泥浆既利用微硅稳定性好的优点，又可弥补漂珠易漂浮的缺点。同时，根据 Furnas 颗粒堆积最密实级配原理，微硅颗粒小，能够填充漂珠和水泥颗粒之间的空隙。漂珠微硅复合低密度水泥浆具有如下特点：

① 水泥石的早期抗压强度高；

② 水泥浆失水控制好，有利于保护油气层防止损害；

③ 水泥浆凝结过程中的稳定性好、无析水、浆体不分层，凝结后水泥石的纵向密度分布均匀；

④ 水泥浆固相颗粒堆积密实空隙率低，凝结水泥石致密孔隙连通性差，水泥石不渗透；

⑤ 水泥浆稠化时间较适合浅井固井施工要求；

⑥ 浆体的流动性较好，流动度均大于 21cm，这是保证浆体稳定性的需要。

（3）矿渣+粉煤灰+漂珠复合低密度水泥

空心漂珠和粉煤灰的化学成分相近，因此它们在水泥中或在矿渣中的水化反应几乎相同。粉煤灰在矿渣中的水化反应机理和在水泥中的水化反应有相似之处。粉煤灰在水泥浆体系中的反应机理，通过理化分析（X 射线衍射、差热分析、扫描电镜）显示，随着温度升高及龄期的延长，粉煤灰与水泥水化时析出的 $Ca(OH)_2$ 反应加强，水化产物彼此交织，并使水泥水化生成的高碱性硅酸钙向低碱性水化硅酸钙转化，提高了水泥石的致密性及抗压强度，降低渗透性，改善了水泥石的防腐能力。

根据以上机理，路宁等[29]利用工业废料高炉矿渣为水化材料，粉煤灰和空心漂珠为减轻材料，配制 $1.30\sim1.60g/cm^3$ 密度范围的低密度系列水泥浆。以性能优良的碱性活化剂 BES-1，活化高炉矿渣、粉煤灰和漂珠的潜在活性，使其形成满足固井质量要求的胶凝体。该系列具有水泥石抗压强度高、密度低、体系稳定、初终凝时间短、成本低廉等特点，开发了固井的新材料。

（4）蛭石低密度水泥

蛭石（VML）是一种复杂的铁、镁含水硅酸盐矿物，其化学成分变化很大且随产地不同而有很大变化。蛭石的化学成分主要为 SiO_2，平均密度约为 $2.5g/cm^3$，抗压强度 $100\sim150MPa$，吸水率为 $18\%\sim20\%$，膨胀倍数为 $10\sim25$，耐碱性较耐酸性强。表 7-1 为蛭石的主要化学组成。

表 7-1　蛭石的主要化学组成　　　　　　　　%（质量）

SiO_2	Al_2O_3	Fe_2O_3	MgO	K_2O	CaO
35~41	6.0~9.5	6.0~9.5	21.5~25.5	3.0~6.0	2.0~6.0

蛭石对水泥配制及水泥水化产物有许多有利之处：

① 具有固体润滑特性，易于与水泥干混均匀；

② 具有较强的吸水性，有助于保持体系悬浮稳定；

③ 具有堵漏功能；

④ 具有隔热功能，可利用其保温特性减小套管的热应力影响；

⑤ 具有膨胀特性，有利于防止微环隙、提高界面与层间胶结质量。

因此，蛭石有潜力成为一种新型减轻材料，配制适于深井低压易漏地层固井的新型低密度水泥浆。宋碧涛等根据粒度级配原理，以蛭石为主要减轻材料、辅以其他硅质材料，开发出密度 $1.35 \sim 1.50g/cm^3$ 的低密度水泥浆体系。室内实验研究表明，该水泥浆体系流变性能、滤失性能良好，且有一定的膨胀性能，适于低压易漏地层固井。随蛭石加量增大，用水量增大，水泥浆流变性能变差，这是由于蛭石吸水性所导致的。在水泥浆中加入分散剂后，能显著提高其流动度和流性指数、降低稠度系数，流变性能明显改善，可满足泵注要求。蛭石的固体润滑性使蛭石容易与水泥等混合均匀，而由于蛭石较强的吸水性使水泥浆体的稳定性增强。

7.2　自修复水泥浆体系

材料断裂本质上不是一个可逆的过程，但是倘若裂缝很小，在一定的外界环境条件下材料可以实现裂缝的自愈合。当水泥基材料出现裂缝后，事实上材料本身具有一定的自然愈合作用，但其自然愈合作用有限，水泥基材料自然愈合只能愈合小于 $50\mu m$ 的裂缝。基于各种作用机理的自修复剂加入水泥浆后，可以实现水泥浆的自修复能力。水泥基材料微裂缝自修复是指水泥基材料在外部或内部条件的作用下，释放或生成新的物质自行封闭、愈合其微裂缝的过程。

7.2.1　建筑行业自修复水泥的研究进展

在建筑行业中，由于硅酸盐水泥是一种典型的脆性材料，在混凝土结构中裂缝和微裂缝的形成和扩大对整个工程结构安全性和耐久性的危害，一直是困扰建筑行业的技术难题，每年都要投入大量的资金和人力对受损的建筑、桥梁和道路进行修复。因此，研究智能化的混凝土水泥基材料自修复机理与技术一直是国内外近年来高度关注的技术研究前沿。

（1）普通水泥基复合材料自修复机理

普通水泥基材料的微裂缝自愈合主要依靠自身与外部环境的共同作用，在一定条件下通过特定的化学反应实现微裂缝的自修复。普通水泥基材料的微裂缝自修复机理主要包括：结晶沉淀、渗透结晶等，自修复过程涉及物理、化学、热力学等多种学科。

1925 年，Abram 首次发现混凝土裂纹自修复现象。研究发现混凝土试件在抗拉强度测试开裂形成裂缝后，将其放在户外 8 年，裂缝出现一定程度的愈合且混凝土强度比未开裂前提高了两倍。水泥基材料微细裂缝在一定条件下能够实现自修复（自愈合）已是不争的事实。这一发现促使国内外的学者们对水泥基材料裂缝自修复机理展开相关研究，研制出各种具有自修复性能的智能水泥基材料。

为增强水泥基材料微细裂缝的自修复性能，德国化学家劳伦斯杰研究了水泥基渗透结晶型防水剂，利用自修复原理解决水泥船舶和地下工程的防水问题。研究结果表明，渗透结晶微裂缝自修复机制形成的必要条件也是必须有水或足够的湿度，还有必须含有 CO_2 和特定的化学渗透修复剂。利用裂缝的渗透结晶愈合机理，已经开发出自愈合水泥基材料，但关键技术还掌握在国外。

程东辉[30]等对混凝土裂缝自愈合机理进行了研究，着重探讨了裂缝尺寸和水环境对混凝土裂缝自愈合性能的影响。范晓明等[31]对混凝土结构裂缝的自修复机理也进行了研究，认为其主要作用机理是：

① 水泥浆体的水化。混凝土中未水化的水泥颗粒（如 C_3S、C_3A 等）随渗透水一起流出来并生成水泥水化产物，从而对裂缝自愈合做出贡献。

② $CaCO_3$ 晶体的形成。由此可见，实现水泥基材料微细裂缝自修复的两个基本条件是水和空气中的 CO_2。

陈兵等[32]通过抗渗实验研究了水泥基渗透结晶型防水材料的作用机理。其机理为：该型防水材料主要是通过渗透作用，在混凝土内部空隙处形成许多高强微晶体，可以起到封闭其所在混凝土内附近的微细裂缝和毛细孔道。这样便可以阻止水分渗入，起到防水作用。

习志臻、张雄[33]将聚氨酯、丙烯酸酯注入空心玻璃纤维中，再将其埋入水泥浆中，形成一种智能仿生愈合系统。水泥砂浆开裂后，导致玻璃纤维破裂，愈合剂流出愈合受损界面。试验中分别用 INSTRON 实验机和声发射仪测试砂浆愈合后的强度、质量。研究结果表明：愈合效果明显，断裂韧性有较大的提高。

袁雄洲[34]等将乙烯-醋酸乙烯（ethylene–vinyl acetate，EVA）作为自愈合材料掺入到水泥材料中。通过试验研究了采用热熔胶愈合水泥裂缝的效果。研究结果表明：①预先对试件进行不同程度的损伤，经 EVA 热熔胶愈合后，试件抗折强度均有所提高。②当 EVA 掺量为 1%、3% 和 5% 时，其试件的平均愈合率分别为 104.95%、118.28% 和 135.60%。③EVA 的加入对试件的其他性能几乎没有造成影响。④当 EVA 掺量 5% 时，水泥试件经过受热后，其抗折强度和韧性分别提高了 23.4% 和 130.2%。

刘行等[35]基于广州地铁工程中所使用的混凝土原材料以及配比，试验研究了 Penetron Admix 作为添加剂对混凝土性能的影响。试验研究结果表明：①掺入一定加量的 Penetron Admix 后，混凝土混配后的流动性得到了明显的提高；②混凝土硬化一段时间后，抗渗性能有显著提高；③抗压强度也有所提高，但混凝土收缩值比基准混凝土稍大；④裂缝自愈合试验表明，在潮湿环境中，加入 Penetron Admix 的混凝土拥有较好的自愈合性能。

（2）聚合物水泥基复合材料自修复机理

对于水泥基材料裂缝自修复的机制的建立，国内外学者主要集中在聚合物水泥基复合材料的自愈合机理的研究方面。聚合物水泥基复合材料的裂缝自愈合充分模仿了生物组织对受创伤部位自动分泌某种物质，而使创伤部位得到愈合的原理。自愈合机理主要在于：预先在聚合物水泥基复合材料中埋入一些特殊的空心玻璃纤维或胶囊（其中装有具有修复裂缝功能的化学剂）。微胶囊是利用成膜材料包覆具有分散性的固体物质、液滴或气体而形成的具有"核–壳"结构的微小粒子，通常将成膜材料形成的包覆膜称为壁材或囊壁，成膜材料内部被包覆的物质称为芯材或囊芯。图 7–1 为微胶囊的形态结构示意图。

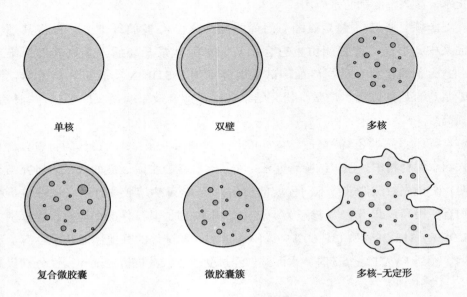

单核　　　　　　　　双壁　　　　　　　　多核

复合微胶囊　　　　　微胶囊簇　　　　　多核-无定形

图 7-1　微胶囊形态结构

当水泥基体产生微裂缝时，水泥基体中的空心玻璃纤维断裂或胶囊破裂，并通过毛细作用释放出修补裂缝的修复剂，修复剂接触预先埋入聚合物基体的催化剂而引发聚合，键合裂纹面并恢复到未开裂时的力学性能。这种损伤诱导引发聚合使得裂纹修复实现了就地自动控制，如图 7-2 所示。

国内学者对聚合物水泥基复合材料自修复机理也展开了大量研究。聚合物修复体系将埋植技术、微胶囊技术、烯烃聚合技术及高分子多组分体系等有机地结合在一起，达到了材料深层自修复的目的。但要实现自愈合材料的工业化，仍然面临诸多困难。该自修复体系对微胶囊和催化剂要求很高，它必须满足以下条件：

①　胶囊壁的厚度应适中，既能承受材料加工作业时带来的压力，又能感受到裂纹延伸带来的力；

②　胶囊的硬度不能太大，能面对裂纹的开裂，而不是让裂纹绕过微胶囊；

③　所埋植的微胶囊和催化剂的加入不会影响到材料的原有性能；

④　裂纹被引发后能发展到微胶囊表面，并有足够的能量使微胶囊发生破裂；

⑤　催化剂在基体中分散不影响催化剂的活性或稳定性；

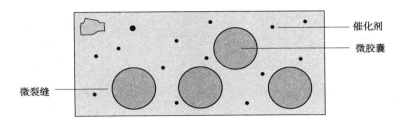

基体中产生裂纹

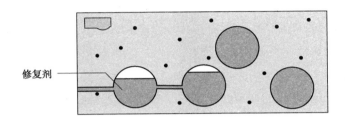

裂纹穿过微胶囊

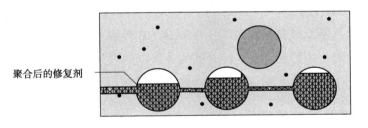

图 7-2　微胶囊自修复体系示意图

⑥ 催化剂在基体中足够多，无论在什么地方出现微裂纹，修复单体都能被引流到催化剂周边；

⑦ 催化剂有足够的活性，能引发修复单体的聚合，并且这种聚合反应活性点能传递到整个裂纹区域。

尽管采用液芯纤维或微胶囊技术进行自修复具有很好的发展前景，但是制备过程和原料成本严重限制了其实际应用，而更大的不足是这种自修复是一次性的或称为不可逆的，不能经受多次破坏/修复的循环。为了解决材料自修复的可逆性问题，Chen[36]将 Diels-Alder 热可逆反应引入到聚合物基体中，设计并制备了一种热可逆的高度交联的聚合物自修复材料。这种聚合物材料的设计首次将自修复的概念引申到了分子领域，将聚合物的自修复研究提高到了一个新的高度。采用热可逆交联反应，将材料从常温升到高温时，部分化学键断开，当温度从高温缓慢降回常温时，化学键又会通过逆反应重新键合。这种体系的优点是无须加入催化剂、单体分子或其他特殊的表面处理，可实现无限次的自我修复功能，但它还面临很多问题需要解决，比如单体熔点高，固化时间长，需高温才能实现自修复等。

对于油气井的固井水泥环损伤来说，现有的水泥基材料微裂缝自修复机理与方法无法直接照搬套用，原因是：

① 水泥基材料的自然修复过程需要有 CO_2 和水的存在，而油气井固井水泥环所处的环境是一个流体全淹没的密闭环境，不完全具备常规自修复机制启动的基本条件。

② 聚合物水泥基材料的修复工艺复杂，需要混入空心玻璃纤维或胶囊，而钻井固井配浆过程中需要高剪切配浆，对这些材料的破坏性很强，难以在井下实施。

③ 现有的水泥基自修复技术是在常温常压的条件下研究的，所研究的自修复机理和常温常压自修复材料不能在油气井的 HTHP 环境下发挥作用。

因此，需要油气井的特点，研究符合油气井特点的固井水泥环损伤自修复机理和方法，开展适用于固井水泥环自修复的修复剂研究。

7.2.2　油气井固井行业自修复水泥

油气井固井所用的油井水泥与建筑行业的水泥基材料类似，也是一种脆性材料，但面临的环境比普通混凝土更加恶劣。这是因为油气井在测试投产后，必然要经历各种试井、测试和投产作业，使套管和水泥环受到温度、压力等因素大幅度变化的影响，不可避免地对固井水泥环的封隔性能产生破坏，即在胶结界面产生微间隙和微裂缝，从而形成井下地层流体(特别是天然气)的窜流通道，造成层间封隔失效。解决油气井地层流体窜流问题的基本方法是采用成本昂贵的挤水泥大修井修复方法，但成功率较低，有的井在施工过程中会发生事故。

建筑行业中水泥基材料微裂缝自修复技术的研究启示我们，该技术可以较好地解决油井中后期水泥环封隔失效的问题，进而攻克油气井层间封隔质量和耐久性的技术难题。在油气井工程中，应该重视开发固井用自修复水泥，建立一个能够对固井水泥环微裂缝和微间隙进行即时修复的机制，即对油气井生产过程中产生的气窜通道都能够得到及时有效、动态自动修复的机制，使水泥环能够适应油气井井下的各种复杂情况，始终保证天然气井水泥环的封固有效性。

最早发现固井水泥环存在自修复现象的是 J. J. Nahm 和 R. N. Romero。借助 HTHP 剪切胶结强度试验仪，他们发现矿渣 MTC 固井液的固化体具有独特的胶结界面再愈合能力，即套管柱与固化体的界面胶结被剪切破坏后，养护两周界面胶结强度恢复值大于 90%。而水泥浆形成的固化体没有这种胶结界面再愈合能力，界面胶结被剪切破坏后，养护两周界面胶结强度恢复值为零。

P. Cavanagh 等提出了一种固井水泥环微间隙修复的新方法。该技术是在油井水泥浆中加入一种新型的自修复材料，该材料形成的水泥环在未遇到油气前处于休眠状态，一旦固井水泥环中出现微间隙并出现油气窜时，能够被激活，使水泥环产生微膨胀，从而达到封闭微裂缝或微间隙、封闭窜气的通道，但对这种自修复材料的具体成分、作用机理和作用效果的持久性并没有较详细的说明。

斯伦贝谢公司最早开发出 FUTUR 自愈合固井水泥浆体系，并且在现场应用中取得了良好的效果。该水泥浆体系是在钻井液体系中加入了一定量的活性物质，当活性物质与油接触后会通过膨胀机理进行微裂缝封堵。

杨振杰[37]通过油井水泥和封窜堵漏剂等封固材料微观结构的研究，发现了某些堵漏材料存在自愈合现象和机制，而普通的油井水泥没有明显的自愈合现象。通过对其机理进行初步分析发现，自愈合现象与二次水化反应有关，随后又提出了应该在钻井固井和油水井封窜堵漏施工中对自修复机理加以研究和利用，从而解决胶结界面破坏引起的油气水窜的难题的观点。

齐志刚[38]等研制出一种水基自修复剂——多羟基的化合物钙离子络合剂。该自修复剂与水泥基具有良好的配伍性——加入 5%的自修复剂能够明显的发生微裂缝自修复过程，养护 14d 后水泥石的渗透率能够恢复到 90%。同时，研究表明油井水泥基自修复剂的自修复过程可分为三步：快速结晶堵漏、转换加固修复和再生循环反应。在第一步快速结晶堵漏过程中，自修复剂与水泥基中的钙离子迅速反应，生成高结晶度的钙络合沉淀物，从而起到快速封堵微裂缝、防止地层流体继续渗透的目的。在第二步转换加固修复过程中，由于生成的络合沉淀物并不稳定，可与硅酸根离子结合，生成更稳定的水化硅酸钙沉淀，不仅可提高水泥石强度，又可起到修复微裂缝的作用，同时释放出自修复剂。在第三步循环反应过程中，被释放的自修复剂不断重复第一步反应，因此自修复剂在微裂缝自愈合过程中并没有发生消耗，可进行循环使用。

嵇井明等[39]通过综合考虑自愈合性能、水泥石变形能力和抗循环加载能力三个方面的表现，最终韧性自愈合复配水泥浆配方确定为：G 级油井水泥+4%降失水剂+0.8%分散剂+0.35%纤维+3%弹性颗粒+9%胶乳+5%结晶型自愈合剂 JHA-2+5%热熔型自愈合剂 RHA-1+0.1%消泡剂+水。经测试评价，养护至 40d 时，韧性自愈合水泥浆的裂缝愈合程度达到了 80.55%，较原浆相比提高了 241.46%。韧性自愈合水泥的全区域面积浆较原浆提高了 46.73%，次应力应变循环测试的弹性恢复率平均较原浆提高了 55.79%。

刺激响应型聚合物技术是在油井水泥浆中加入一种对油气具有刺激性的自修复材料，该技术是将可膨胀的橡胶粒子植埋于水泥环中，当水泥坏遭遇破坏产生裂纹或微间隙时，油气沿裂纹或微间隙发生运移，预植入的可膨胀橡胶粒子对油气化合物的刺激作出响应产生膨胀，而堵塞油气运移通道(如图 7-3 所示)。高压静态和动态实验室测试证明，该自修复技术可以在 30min 内迅速隔断气流。该修复功能可实现多次循环，该技术无须加入其他催化剂和外界干预，无油气刺激时，长期处于休眠状态，长期稳定，可以解决油气井长期封隔问题。加入这种自修复材料的水泥浆体系与常规水泥浆体系的各项基本性能基本相同。

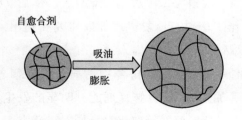

(a)自愈合剂遇油膨胀示意图

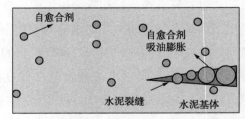

(b)自愈合剂在水泥裂缝中膨胀示意图

图 7-3　刺激响应型聚合物自修复机理

孙晓杰等[40]研发了一种刺激响应型聚合物自修复剂。该自修复水泥接触到微裂缝和微间隙时，油气会沿微裂缝或微间隙窜流而激活自修复材料，自愈合材料的体积发生膨胀，进而对微裂缝进行堵塞，由此实现固井水泥环微裂缝的自修复，从而抑制油气窜流。因此该自修复水泥技术能有效解决塔里木油田碎屑岩区块固井时产生的油气水窜，以及水泥环产生微间隙题等难题，可有效提高该地区固井质量，降低采油含水率，提高采收率。

第 8 章

油井水泥发展趋势

近年来，在低油价的大环境下，我国石油固井工作量缩减，固井行业在未来几年会面临一系列新的挑战。就固井技术服务市场而言，部分地区受到政治冲突的巨大影响不得不调整石油相关政策，加上市场经营环境的稳定性差和目前固井技术服务市场供过于求的现状，使得固井技术业务竞争更加激烈，风险也随之加大。

油气勘探开发对象的日益复杂，对石油固井技术提出了新的挑战。我国目前待开发的石油资源大多集中在海洋、低渗透、深层和非常规石油藏等，这就代表着石油勘探开发将面临资源品质差、安全环保上的严格标准、石油目标的复杂化等一系列全新挑战，资源品质越是劣质，那么对石油固井技术的要求就越高。在巨大温差和压力差的条件下，要实现井的密封性、结构完整性和预防腐蚀性，这些问题都给技术革新带来了前所未有的挑战，还有类似天然气井、储气库井的规定使用寿命的增加，水泥环封隔质量要求的不断提高，也给石油固井技术的应用和发展带来新的挑战。石油固井技术历经多年的改善和进步，虽然在技术层面上上升了一个台阶，但实际上目前的石油固井技术还不能完全满足勘探开发的需求。目前主要存在的问题如下：

（1）技术配套不够，普适性差，多种复杂并存井的固井一次作业成功率、优质率有待提高；

（2）复杂层间有效封隔能力不强，实现有效驱替、良好密封的关键技术参数尚不明确；

（3）长期封固质量无法保证，密封完整性水泥环的破坏准则和水泥环力学参数尚未建立；

（4）水泥浆体系研究及处理研发有较丰富的经验，但基础性、系统性、创新型还不够；

（5）疑难井、复杂井、超深井及高压天然气井的固井技术有待进一步提升；

（6）压力系统复杂老油田调整井的固井层间窜流问题突出；

（7）火烧油层、蒸汽驱超高温条件下稠油热采井固井水泥石抗超高温的问题尚未解决，以及超高温条件下的长期封隔问题待解决；

（8）海洋深水固井方面的研究工作仅仅是初步开展，有待深入研究；

（9）固井设备及水泥浆体系还未形成国内自由知识体系，主要依靠国外。

由于石油勘探开采工作的复杂化，石油地层和矿井的多样化，为了保证石油固井工作的顺利进行，加强对固井材料的研发和创新已成必然的发展趋势。在固井材料开发过程中，应重视水泥浆体系的广谱化、细致化，向更宽密度、更高适应温度、更广的应用领域发展。应研发具有针对性的应对功能的水泥浆体系，最终形成多种功能于一体的多功效、多功能水泥浆系统。固井材料的研发与创新的主要方向是低压、低渗油气藏的高性能低密度材料，易漏地层中的防漏、防毒材料，含腐蚀性介质和稠油油藏的抗温耐腐蚀材料，高压气井、深水固井的低温材料，深井和调整井的油井水泥晶体类膨胀材料等，尤其是具有极强形变能力和长效封隔能效的新型固井材料。同时，应重视添加剂相容性和材料间的匹配度，弄清楚符合体系的结构和成分，最大限度地减少敏感材质及多元体系对水泥浆性能的不利影响。

近年来，油气井井筒密封完整性日益受到重视。据挪威石油安全管理局（PSA）对海上 406 口具有不同开发年限和生产类别的井进行油气井完整性调查发现，18%存在井筒完整性方面的问题，且其中 7%因为井筒的完整性而被迫关井，同时对环境和经济也造成了重大的损失。固井后套管—水泥环—地层会形成一个胶结体，即固井屏障。提高井壁与套管间水泥环的密封质量是影响井筒完整性的关键所在，是影响油气田开采效率的重要因素，同时也是固井工程中长期关注的问题。固井水泥环的力学性能，关系到固井屏障的质量和油气井寿命。保证井筒完整性的关键是不断开发高强高韧性固井水泥浆体系，可与套管壁和地层形成良好的胶结性，能够经受住地层复杂环境的影响。

未来 5~10 年，国内待开发的主要油气田资源依然为"深、低、海、非"，主要增长业务依然是天然气业务，深井超深井、复杂地层、复杂工况、全生命周期的封固要求，需进一步提升固井技术创新力和核心竞争力，为油气及其他新能源的勘探开发提供工程技术保障。不仅要进行固井密封完整性、全生命周期控制与机理研究，还要重视功能性固井材料的研究。

随着油气田勘探开发工作的不断深入，对固井技术的要求也越来越高。固井既是一门涉及多学科的综合性学科，又是一门专业性很强的高风险技术。固井技术的进步与发展，也需要相关学科、技术的不断创新。要积极推动固井的可持续发展、创新发展，推动固井向智能化、技术化、科学化的方向发展，实现转型升级，通过攻关，争取早日赶上及达到国际化先进水平。

参 考 文 献

［1］任呈强，高雷，王煦，等．水化过程中油井水泥/套管界面的性能与结构演变［J］．世界科技研究与发展，2012，34(6)：912-915．

［2］Tang S W，Zhu H G，Li Z J，et al. Hydration stage identification and phase transformation of calcium sulfoaluminate cement at early age［J］．Construction & Building Materials，2015，75：11-18．

［3］Glasser，F. P. and L. Zhang. High-performance cement matrices based on calcium sulfoaluminate-belite compositions［J］．Cement and Concrete Research，2001. 31(12)：1881-1886．

［4］杨蔚清．硫铝酸钙基高性能水泥［J］．江苏建材，2002(4)：17-20．

［5］Kalogridis，D.，et al. A quantitative study of the influence of non-expansive sulfoaluminate cement on the corrosion of steel reinforcement［J］．Cement & Concrete Research，2000. 30(11)：1731-1740．

［6］Janotka，I. and L. Krajci. An experimental study on the upgrade of sulfoaluminate-belite cement systems by blending with Portlandcement［J］．Advances in Cement Research，1999. 11(1)：35-41．

［7］刘赞群，李湘宁，邓德华，等．硫酸铝盐水泥与硅酸盐水泥净浆水分蒸发区硫酸盐破坏对比［J］．硅酸盐学报，2016，44(8)：1173-1177．

［8］Purnell P，BeddowsJ. Durability and simulated ageing of new matrix glass fibre reinforced concrete［J］．Cement & Concrete Composites，2005，27(9-10)：875-884．

［9］许红升，杨小平，苏素芹，张锦峰，王玉洪，李国忠．碱性环境条件下玻璃纤维的侵蚀性研究［J］．腐蚀与防护，2006，27(03)：130-132．

［10］SONG M，PURNELL P，RICHARDSON I. Micro-structure of interface between fibre and matrix in 10-year aged GRC modified by calcium sulfoaluminate cement［J］．Cement and Concrete Research，2015，76：20-26．

［11］马保国，韩磊，李海南，等．掺合料对硫铝酸盐水泥性能的影响［J］．新型建筑材料，2014，41(9)：19-21．

［12］韩建国，阎培渝．碳酸锂对硫铝酸盐水泥水化特性和强度发展的影响［J］．建筑材料学报，2011，14(1)：6-9．

［13］马保国，朱艳超，胡迪，等．甲酸钙对硫铝酸盐水泥早期水化过程的影响［J］．功能材料，2013，44(12)：1763-1767．

［14］程小伟，梅开元，杨永胜，等．矿渣对固井用硫铝酸盐水泥石性能影响研究［J］．硅酸盐通报，2015，34(7)：1980-1984．

［15］王成文，王瑞和，步玉环，等．深水固井水泥性能及水化机理［J］．石油学报，2009，30

　　（2）：280-284.

[16] 马聪，步玉环，赵邵彪，等．固井用铝酸盐水泥改性试验研究[J]．建筑材料学报，2015，18（1）：100-106.

[17] 李早元，张松，张弛，等．热力采油条件下粉煤灰改善铝酸盐水泥石耐高温性能及作用机理研究[J]．硅酸盐通报，2012，31（5）：1101-1105.

[18] 水镁石纤维增强油井水泥石性能研究[J]．油田化学，2015，32（2）：169-174.

[19] 水镁石纤维对固井水泥石力学性能的增强效果及机理[J]．天然气工业，2015，35（6）：82-86.

[20] 刘慧婷，刘硕琼，冯宇思，等．碳纳米管的掺入对油井水泥浆性能的影响[J]．硅酸盐通报，2015，34（2）：456-460.

[21] Ukrainczyk N, Rogina A. Styrene-butadiene latex modified calcium aluminate cement mortar [J]. Cement & Concrete Composites, 2013, 41（8）：16.

[22] Jiao L B, Chen D J, Feng D Y, et al. Potential for significantly improving performances of oil-well cement by soap-freeeemulsions[J]. Materials and Structures, 2016, 49（1）：279-288.

[23] 邱海霞，王志鹏，郭锦棠，等．油井水泥增韧剂的无皂乳液合成及性能评价[J]．天津大学学报（自然科学与工程技术版），2015，48（9）：779-783.

[24] 陈大钧，焦利宾，张瑞，等．用于油井水泥的 JAS 型无堪胶乳的合成及性能[J]．精细化工，2015，32（2）：190-194.

[25] 雷鑫宇，张直建，焦利宾，等．新型胶乳的合成及其在实心低密度水泥中的应用研究[J]．精细石油化工进展，2014，15（3）：1-3.

[26] 杨元意，程小伟，付强，等．可再分散乳胶粉改性水泥石孔隙结构与氯离子渗透性研究[J]．钻井液与完井液，2013，30（5）：56-59.

[27] 李伟，申峰，吴金桥，等．水泥用增韧防窜剂及页岩气水平井固井用增韧泥：CN104291733A[P]．2015-01-21.

[28] 高云文，刘子帅，胡富源，等．合平4致密油水平井韧性水泥浆固井技术[J]．钻井液与完井液，2014，31（4）：61-63.

[29] 路宁，吴达华．低密度高炉矿渣水泥浆体系的研究应用[J]．石油钻采工艺，1997（2）：37-40.

[30] 程东辉，潘洪涛．混凝土裂缝自动愈合机理研究[J]．建筑技术开发，2006，21（6）：53-54.

[31] 范晓明，李卓球，宋显辉，等．混凝土裂缝自我修复的研究进展[J]．混凝土与水泥制品，2006，4：13-16.

[32] 陈兵，蒋正武，白桦．水泥基渗透结晶型防水材料性能研究[J]．新型建筑材料，2002，32（12）：10-11.

［33］习志臻，张雄．仿生自愈合水泥砂浆的研究［J］．建筑材料学报，2002，5（04）：390-392.

［34］袁雄洲，孙伟，左晓宝，等．乙烯-醋酸乙烯热熔胶对水泥基材料裂缝自修复性能的影响［J］．硅酸盐学报，2010，38（11）：2185-2192.

［35］刘行，殷素红，李铁锋，等．水泥基渗透结晶型防水剂在地铁应用的试验研究［J］．混凝土，2007（4）：40-42.

［36］Chen X X, Dam M A, Ono K. A thermally remediable cross-linked polymeric material［J］. Science，2002，295：1698-1702.

［37］杨振杰，张玉强，吴伟，等．XAN-D新型堵漏评价试验仪研究与应用［J］．钻井液与完井液，2010，27（1）：44-46.

［38］齐志刚，曹会莲，曹成章．提高采收率油井水泥基自修复剂的研制［J］．钻采工艺，2015（1）：95-98.

［39］嵇井明．韧性自愈合水泥浆体系研究［D］．西南石油大学，2017.

［40］孙晓杰，余纲，瞿志浩，等．自愈合水泥在塔里木油田碎屑岩固井中的应用［J］．天然气与石油，2017，35（4）：63-67.